探地雷达
检测技术与管理

张隽　　赵年全　　白国峰◎主编

吉林大学出版社
·长春·

图书在版编目（CIP）数据

探地雷达检测技术与管理 / 张隽，赵年全，白国峰
主编. — 长春：吉林大学出版社，2020.10
ISBN 978-7-5692-7201-7

Ⅰ．①探… Ⅱ．①张… ②赵… ③白… Ⅲ．①探地雷
达－检测 Ⅳ．①TN959.1

中国版本图书馆CIP数据核字(2020)第189517号

探地雷达检测技术与管理
TANDI LEIDA JIANCE JISHU YU GUANLI

作 者 张 隽 赵年全 白国峰 主编
策划编辑 吴亚杰
责任编辑 吴亚杰
责任校对 田茂生
装帧设计 梁 晶
出版发行 吉林大学出版社
社 址 长春市人民大街4059号
邮政编码 130021
发行电话 0431-89580028/29/21
网 址 http://www.jlup.com.cn
电子邮箱 jdcbs@jlu.edu.cn
印 刷 三河市元兴印务有限公司
开 本 787mm×1092mm 1/16
印 张 13
字 数 300千字
版 次 2021年3月 第1版
印 次 2021年3月 第1次
书 号 ISBN 978-7-5692-7201-7
定 价 90.00元

《探地雷达检测技术与管理》

编委会名单

检 测 语 录

工程检测有四表，工作之前不能少。

任务委托要详细，现场环境需确认。

工作分配要落实，支护参数是依据。

检测现场重安全，顺顺利利把家还。

数据处理分四步，保证质量心有数。

零点调节操作早，归一里程不能少。

去除背景调增益，数据处理已完毕。

数据存储好查阅，报告模板需谨记。

红线检查有压力，设备更换做比对。

人员交叉看能力，现场破检保顺利。

以上制度记心间，工程质量严把关。

管理理念 "1230"

一个短期目标： 二公司项目部隧道新浇筑混凝土衬砌雷达检测全覆盖；

两个实际作用： 监督、控制工程在建实体工程质量；指导工程施工工艺，提高施工队伍的工作能力；

三级管理制度： 第一级工程检测中心职能部门统一标准、统一尺度、统一格式，第二级区域工程检测部、第三级项目工程检测部严格执行；

检测终极目标： 工程检测中心检测工程实体质量结果中质量问题越来越少，直至为零。

前　言

　　近30年来，无损检测技术在地质探查和混凝土工程质量检测中被广泛应用，在混凝土工程的设计、施工、验收等不同阶段发挥了较大的作用。本书主要对常用无损检测仪器、地质雷达技术理论基础知识、超前地质预报理论基础知识、隧道衬砌知识和评价标准、铁路红线检查的实施方案、工程实体检测的典型案例分析以及国内先进雷达设备加以介绍。

　　本书内容的第一章为探地雷达的起源及发展背景，第二章为探地雷达仪器的介绍以及检测依据，第三章为隧道的基本知识和评价标准、隧道衬砌检测的技术依据，第四章为地质雷达数据的处理，第五章为红线检查的实施方案，第六章为地质雷达的校准方法，第七章为地质雷达的精度要求，第八章为雷达图像分析和衬砌质量评价，第九章为工程实例中的典型案例分析、雷达检测现场突发情况列举及解决办法、超前地质预报的目的和内容，第十章为国内外先进雷达设备介绍。

　　理论部分是中铁十二局的几位作者针对探地雷达的应用摘编的相关基础理论知识，案例部分则汇集了几位作者亲身实践工程的技术服务生产项目资料，以及其他有关探地雷达在探查工作中的技术资料；书中大量的实测资料、图片均是各位作者长期的实践应用积累，可为大多数探地雷达技术应用工作者提供一定的借鉴和帮助。

　　各位作者编写本书与大家分享，希望本书能给从事本行业工作的技术人员提供更多的信息和有利借鉴。由于篇幅有限，作者的工作范围也不可能包括探地雷达方方面面的应用，即使引用了一些工程实体雷达检测的资料，也不能反映雷达检测的全面情况，但大部分实测结果也可直接、间接地提供参考。

　　本书的各位作者在与检测学员互动和答疑过程中，不断修改和补充讲稿，从而形成了本书。本书中理论阐述部分和一些章节论述的内容，参考或摘引了包括各位作者发表的在内的一些书刊及论文中的内容，已在正文后面的参考文献中列出。本书大部分的实测图片都是几位作者自己的工作成果。但有部分图片引自其他同行的资料，大部分已注明出处，找不到确切出处的，在此声明并向其作者致歉。

　　本书的编写得到了相关单位以及专家、同仁的大力支持，同时也吸收了国内外专家在这一研究领域的研究成果，在此一并表示衷心的感谢。

　　限于作者水平，书中不当之处在所难免，敬请读者批评指正。

编　者

2020年10月

目　录

第一章　探地雷达起源及发展背景

▎▶1.1　探地雷达的发展背景

1.1.1　铁路隧道设施的重要性

铁路被誉为国民经济的"先行官""火车头"，是我国重要的交通设施，铁路建设长度也是一个国家经济发展的标志之一。近年来，我国铁路建设的增长速度很快。在2000年初，党中央、国务院批准了关于西部大开发战略的初步设想，拉开了西部铁路建设的序幕，洛湛铁路、渝怀铁路、青藏铁路、宜万铁路等相继开始建设。在2004年1月7日，国家《中长期铁路网规划》经国务院审议通过，这是进入21世纪后，我国第一个获准通过的中长期发展规划，标志着我国铁路新一轮大规模建设的展开。隧道是保障铁路正常运营的重要设施，隧道施工质量直接影响到将来铁路运营的情形。隧道病害是影响铁路快速发展的一个关键，更是影响国民经济发展的一个重要因素。因此，必须通过系统的研究，总结铁路隧道的病害特点，完善隧道病害检测评价手段，制定出符合我国铁路特点的一整套检测方法，形成从日常维护、病害检测、病害整治到质量跟踪的一整套技术体系，以适应信息化目标管理的需要，将运营隧道的日常维护和病害整治提高到一个新的水平。

1.1.2　铁路运营隧道存在的问题

我国铁路隧道建设已经有130余年的历史了。中国第一座铁路隧道修建于1887—1889年，是台北至基隆窄轨铁路上的狮球岭隧道，长261 m。至2002年，我国铁路隧道已经达到6876座，总长3670 km，为世界第一。据原铁道部统计资料显示，部分运营隧道的病害问题相当严重，甚至已危及行车安全。据资料记载，宝中线、成昆线、贵昆线、襄渝线、宝成线等均发生过隧道衬砌掉块现象，特别是2001年达成铁路某隧道出现的30 m长大范围的拱顶衬砌掉块，险些造成严重的行车事故。为此，铁路部门每年都投入大量的人力、物力和资金用于隧道病害的维修和整治，但隧道工程质量仍然没有根本好转。

目前我国铁路运营隧道存在的主要问题是：

1. 隧道病害数量大，类型多，整治难度大，所需费用多，养护周期长，而且维修投资缺口较大；

2. 由于修建年代不同，基础资料不完整，管理手段落后；

3. 隧道病害检查和检测手段落后而且不够规范，早期病害难以发现，导致某些可以早期整治的病害发展成较为严重的病害，使彻底整治更加困难；

4. 受施工环境恶劣及材料耐久性差的影响，一些隧道病害的整治效果不明显；

5. 新建隧道的设计和施工遗留问题较多，某些隧道还相当严重。

由于上述种种原因，致使病害隧道的数量逐年增加，又加之投入不够，造成隧道病害的状况进一步恶化。事实上，隧道病害存在于其使用的全过程，有些隧道在使用之前病害就已经存在。隧道病害形成的原因很复杂，对隧道使用寿命的影响也存在较大差异。因此，对隧道病害及安全性问题的研究工作除了针对隧道的定期养护以外，应该注重于从隧道检测评价出发，深入了解隧道病害机理，关于某一类具体的病害及某一类具体的工程条件，提出的整治措施要具备较强的针对性和可操作性，逐步完善病害整治技术。

1.1.3　隧道检测评价的意义

隧道病害的发展具有一个过程，如果能在隧道病害恶化之前发现，并及时采取整治措施，则可大大提高铁路运营隧道的安全性。因此，进行隧道的检测评价是非常必要的。传统的检测评价一般都是依靠经验，采取定性化的方法，在实际的操作过程中很容易受人为因素的影响，不同的工程技术人员可能会根据各自的经验得出差别较大的判别结果；随着技术的进步，仅仅采用定性化指标对隧道病害状况进行描述分析已不能满足目前的使用和养护要求。因此，采用一些仪器设备对隧道质量进行无损检测，通过科学的检测评价，利用定量化的指标来评价隧道的实际状况是非常必要的。通过无损检测，可以达到下面的目的：

1. 通过对隧道状况进行全面检测，得出隧道状况的检测评价报告，科学地查明隧道的实际状况；

2. 根据检测评价报告，为隧道的维修保养和整治提供系统完整的科学依据；

3. 通过检测评价报告获得必要的信息，正确掌握铁路运营隧道病害的实际状况，在此基础上逐步形成从日常维护、病害发现、病害检测到病害整治的一整套技术体系，为建立隧道病害整治专家系统奠定基础，从而使现有隧道的运营管理技术提高到一个新的水平；

4. 新建铁路隧道施工阶段，作为施工过程控制手段，及早发现问题，为采取加固措施消除隐患提供依据，起到对隧道施工质量实时监控的作用。

1.1.4　检测评价的主要内容

隧道检测评价主要是通过对隧道衬砌、仰拱（或隧底）进行无损检测，查清隧道既有病害的规模，查找隐伏病害、可能造成病害的施工质量缺陷以及灾害性地质病害。具体包括6个方面。

1. 初期支护和衬砌混凝土。在隧道不同部位布置测线，测出拱顶、拱腰、拱脚及边墙位置的衬砌厚度以及道床仰拱的厚度，同时还可沿隧道的横断面进行厚度探测。确定初期支护中的钢筋、钢拱架及格栅钢架等的数量和分布情况，并准确定位。确定初衬与二次衬砌之间的密实状况以及衬砌间空洞的分布情况。

2. 围岩状况。确定隧道周围2 m范围（根据需要可进行调整）内的围岩状况，岩溶地区查找并确定溶洞的位置和范围。

3. 排水隧道衬砌或围岩中排水盲沟的分布及畅通情况，高寒地区的冻融情况，隧道围岩或衬砌中的裂隙水分布及赋水情况。

4．开挖断面隧道围岩超挖部分的位置、超挖空间和回填情况（回填的性质），通过衬砌厚度确定隧道欠挖情况。

5．裂缝衬砌中的裂隙分布，尤其是衬砌深部不为肉眼看出的裂隙分布和发展趋势；配合强度检测对衬砌状况作出全面的评价。

6．状况评价。通过对检测结果进行解析，作出隧道病害状况的评价。评价成果包括衬砌强度值、衬砌结构厚度值、隧道裂隙水分布状况、围岩超欠挖情况、衬砌破损情况以及格栅拱架等的分布情况，通过这些定量化数据，直接反映隧道的病害状况。

1.2 探地雷达的起源

1.2.1 探地雷达的基本概念

探地雷达（ground penetrating radar，简称GPR）是用高频无线电波来确定介质内部物质分布规律的一种探测方法。探地雷达方法具有许多名称，如地面探测雷达、地下雷达（subsurface radar）、地质雷达（georadar）、脉冲雷达（impulse radar）、表面穿透雷达（surface penetrating radar）等，都是指利用宽带电磁波以脉冲形式来探测地表之下或确定不可视的物体内部结构。探地雷达是目前应用比较广泛的名称，它是一种较新的探测方法，在20世纪90年代以后逐渐成熟起来。探地雷达的发展得到高新技术发展的推动，同时又受益于各种各样的应用，其应用逐渐超出"探地"的范畴。

探地雷达采用高频电磁波进行探测，频率范围一般分布在1 MHz～1 GHz之间。早期探地雷达的频率范围主要在1～1000 MHz之间，随着宽带技术、超宽带技术的发展，其频带范围逐渐扩大，甚至与SAR（synthetic aperture radar，合成孔径雷达）技术结合在一起，形成SAR-GPR技术（Nguyen，2009）。探地雷达的探测系统包括发射天线和接收天线，以及控制收发和数据存储的控制系统。由于天线的频带范围的控制，一般不同的天线具有不同的频率范围，也控制着探测目标的探测深度和分辨率。

探地雷达采用较低频率和较窄带宽电磁波进行探测，获得的探测深度较大，分辨率相对较低；反之，探地雷达采用较高频率和宽带频率范围电磁波进行探测，探测深度小，但能获得相对较高的分辨率。

探地雷达探测一般以电磁脉冲的形式进行，脉冲在介质中的传播遵循惠更斯原理、费马原理和斯内尔定律，发生反射、折射等现象，其运动学规律与地震勘探方法相似。这也是地震数据采集、处理和解释方法广泛应用于探地雷达的基础。

1.2.2 探地雷达的优越性

1. 高分辨率

探地雷达采用高频脉冲电磁波进行探测，其运动学规律与地震勘探方法类似，因而其探测结果的最大优越性体现在高分辨率上。由于电磁脉冲子波宽度窄，因此能获得非常高的分辨率。在纵向和横向上，探地雷达的发射和接收效率很高，可以进行连续探测。例如在公路路面的探测中，车载探地雷达以40 km/h的速度进行探测时，距离采样间隔能够达到1 cm的精度。可见，探地雷达最突出的优点是它的高分辨率，这也是其优于其他地球物理方法的最重要的标志。

地震勘探方法，如反射地震勘探，采用震源子波进行勘探，地震波在介质中以波动形式传播，能够获得较高的纵向分辨率。但由于震源和检波器的限制，获得厘米级的分辨力仍然比较困难。探地雷达不同中心频率的天线具有不同的尺寸，能够进行不同要求的探测，相较于地震勘探方法，具有高分辨率和方便等特点。其他地球物理方法如重磁方法、直流电法等采用位场进行探测，分辨率很低；低频电磁法采用扩散场进行探测，分辨率也较低。

2. 高效率

一方面，探地雷达采用高频发射器，采样和接收时间很短，因而可以高效率地进行探测。另一方面，探地雷达的天线不需要与地下接触，探测速度快，极大地节省了人力物力。传统的地球物理方法如直流电法，需要笨重的供电设备和复杂的野外探测系统，效率较低。地震勘探方法也需要复杂的震源和接收装置，施工效率低。

3. 无损探测

探地雷达采用天线系统进行电磁波的发射和接收，电磁波通过天线发射出去后，能够通过空气耦合到地下介质，并在地下介质中进行传播。当遇到阻抗变化时，电磁波便发生反射和折射现象，接收天线能够接收到通过介质的电磁波。这种探测对介质不会有任何损伤。

4. 结果直观

探地雷达采用剖面法进行探测，结果可直观地反映地下介质的变化规律。即使不进行复杂的数据处理，一般工作人员也能对资料进行解释。

5. 探地雷达的局限性

探地雷达作为重要的探测方法，也与其他探测方法一样，存在着一些缺陷。这些缺陷，限制了探地雷达的应用。

探地雷达采用高频电磁波进行探测，电磁波在高导介质中传播具有较大的衰减，限制了波的穿透能力。而且对于电磁脉冲，不同频率成分的衰减程度不同，高频成分衰减较严重，而低频成分衰减较少，会降低探测的分辨率，这是探地雷达的一个主要局限性。

探地雷达采用电磁波进行探测，电磁波在地下介质中的传播受介电常数、电导率和磁导率的综合影响。这三个物性参数中，介电常数的作用相对比较大。与自然界的主要介质和工程环境领域的主要人造介质相比，水的介电常数比较大（相对介电常数为81，一般岩石为6左右），因而影响探地雷达探测的因素中，水是较主要的因素。一些研究人员采用这一特性，利用探地雷达来探测含水量并分析地下水的分布。但这同时也为探地雷达的探测带来了困难，因为地表的气候条件变化较快，地面的干湿将严重影响探测的结果，也影响探地雷达探测资料的重复性，给资料的评价和结果解释带来困难。在随时间变化的监测中，地表条件的变化对结果会产生很大的影响，使探测结果不易解释。

探地雷达测量的是介质的阻抗差异。阻抗差异表现为介电常数、电导率和磁导率的综合贡献，其中介电常数的贡献较大，因而不可避免地存在多解性和探测结果的复杂性，主要表现在探测异常多，探测异常复杂，很难进行目标的认定和识别。另外，尽管探地雷达存在高分辨率的特点，但在实际应用中还是存在多尺度的介质问题。到目前为止，针对多尺度的目标介质，除采用等效参数进行解释外，还没有充分利用探地雷达的多分辨率性质，这也限制了探地雷达的进一步应用。

与其他地球物理方法相比，探地雷达具有许多优越性，但也由于上述的局限性，在很多领域，探地雷达的应用效果受到限制。总之，对于探地雷达的应用，要有针对性。

1.2.3 方法技术

更加高效稳定的探地雷达系统的开发，一直是探地雷达领域的研究方向。探地雷达的未来发展领域还有很多，例如数据处理、识别的方法、解释模型研究以及更加逼真的模拟方法与软件。探地雷达在界面的探测中已经取得了很好的结果，将来会不断增加在介质内部的属性探测方面的运用，因而，这也是探地雷达潜在的重要应用方向。

1.2.4 应用领域

未来潜在使用探地雷达的领域还将有能源、通信设施和矿产资源勘查，使用者包括城市工程管理单位、无损检测组织、军事和安全单位、建筑师、考古学家和科研工作者等。探地雷达的设计人员会考虑目前探地雷达的应用领域，并将不断地拓宽探地雷达的适用领域。其中一个可能是，提供一种标准的系统，而频率范围和天线类型可以根据所探测的目标进行改变，数据处理和显示也可以根据探测目的进行修改。这样就可以廉价地进行制造，并具有较高的性价比。另一个可能是，提供一种探测系统，其目标固定，而处理软件可以固化到硬件中，提供快速的测量和自动解释。

1.2.5 探地雷达的应用

探地雷达的应用领域已经远远超出了"探地"的范畴。如人工建筑探测、穿墙探测、医学成像探测等，也都属于这一技术应用范畴。探地雷达的广泛应用是推动探地雷达快速发展的主要原因。到目前为止，探地雷达已成为一种常规的探测技术，可以解决各种各样的问题。其主要应用领域如下。

1. 工程领域：如水利工程、电力工程、公路交通工程、城市建筑等应用及工程质量检测与评价。从工程的前期设计探测、场地基础探测，到施工建设中的探测和工程结束的质量检测，一直到工程运行过程中质量的监测等，探地雷达都具有广泛的应用。

2. 环境领域：污染物的分布调查是探地雷达的一个重要应用方向，如垃圾场的渗漏、地面和加油站附近的油气渗漏污染、工业污水的排放引起的污染等，都是探地雷达的应用领域，再结合其他地球物理方法，取得渗漏范围、污染程度，并为治理提供重要的基础资料。

3. 水文地质调查：2008年，Vadose Zone Journal出版了探地雷达应用于水文地质探测和调查的专辑。水的介电常数很大，具有较强的探地雷达异常响应，这是探地雷达应用于水文地质探测的重要基础。探地雷达不仅用于评价地下水和确定介质的含水量，而且目前逐渐发展到确定流体的传导率和介质孔隙度等参数的探测。

4．考古研究：由于无损、高分辨率和连续探测的特点，探地雷达很早就应用于考古探测领域，已成为该领域一个重要的探测方法。

5．基础地质调查：探地雷达很早就应用于基础地质调查，如夏威夷大学利用探地雷达分析地质露头的结构，成为地质观察的重要手段。

6．矿产勘查：早在20世纪70年代，探地雷达就应用于岩盐矿的探测。这是由于岩盐介质对电磁波的衰减较小，具有较大的探测深度。其后，探地雷达逐渐应用于其他矿产和煤炭等资源的探测。

7．军事、侦探和反恐探测：利用电磁方法探测地下坑道在朝鲜战争和越战中就已开始应用。探地雷达应用于地雷和穿墙探测属于比较新的探测领域，但发展较快，已成为一种重要方法。其突出特点是，不仅可以用于金属目标探测，还可以用于非金属目标的探测。

8．极地探测：这也是探地雷达的传统探测领域，极地的冰是低损耗介质，人们很早就利用探地雷达对冰川的厚度和沉积过程进行探测与分析。目前，探地雷达是极地探测的最重要方法之一，不仅用于分析冰层的基本参数，而且还用于分析冰层的各向异性参数。

9．星球探测：探地雷达的发展得到了美国"阿波罗"计划的大力推进。探地雷达能够进行远距离的遥测，对月球和深空其他星球的探测，已成为探地雷达应用的重要方向。例如根据各种探测和观察，研究人员认为火星上可能存在冰盖，即火星上可能具有水（Timothy，2003），要验证这一观点，开展探地雷达的探测是重要的途径。人们也开展了大量的研究工作，为探地雷达探测火星上冰的存在性进行了大量的准备（Kerr，2005）。

10．生物、医学探测：探地雷达的应用领域在不断扩展，不仅进行"对地"探测，也开展生物和医学方面的探测。例如在植物方面，对大树的结构和内部情况进行调查；此外，人体探测已用于疾病的诊断等。

第二章 | 探地雷达操作指南及检测依据

▎▶2.1 国内外探地雷达仪器介绍

2.1.1 LTD-2600操作规程

LTD-2600为便携式、智能化探地雷达主机控制平台。整机按键相对简单，右侧最顶端为电源开关，下有三个指示灯，分别为电源指示灯、工作指示灯、欠压指示灯，选择按键分为上、下、左、右方向键和回车键，最下面一排为常用功能按键。

1. 连接设备

首先从包装箱中拿出设备，装入电池，连接设备。

2. 雷达开机

连接电缆及充电器（或安装有余电的电池）后，按动探地雷达主机前侧方开机键，使主机开启，表现特征为显示器点亮。

3. 操作界面

LTD-2600主体界面分为屏幕显示区，右侧工作指示灯和选择按键区，下侧功能按键区。其中，右侧区域自上向下为电源开关、电源指示灯、工作指示灯、欠压指示灯，按键分为上、下、左、右方向键和回车键，方向键对操作进行选择，回车键进行编辑和确认。LTD-2600下侧按键功能从左向右为保存、暂停、回放、切换、删除、退出，分别进行相应功能的快捷响应，如图2-1所示。

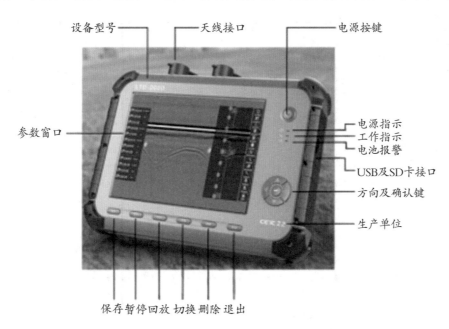

图2-1 LTD-2600型探地雷达主机

　　打开LTD-2600型探地雷达主机控制软件，进入软件主界面，点击控制软件左侧第一行第一项雷达操作，进入探地雷达天线选择界面，选择与连接天线相同的型号，点击确定后，探地雷达进入实时采集界面。LTD-2600使用实体按键进行操作。

　　4. 雷达操作

　　雷达关闭时为红色圆点，使用选择键确认编辑时，弹出天线主频表，选择加载的天线主频，点击开启，系统会根据选择的天线主频，加载之前保存的或者默认的参数，默认进行连续测量，见图2-2。

　　5. 雷达参数

　　参数调节条目下的雷达参数包括恢复参数、扫描速度、时窗设置、采样点数、信号位置、自动增益、整体增益、分段增益、滤波设置、介电常数、保存参数、调入参数的设置，见图2-3。

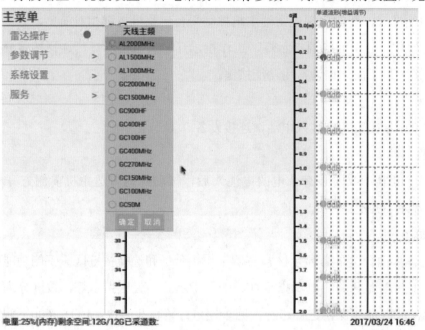

图2-2　LTD-2600型探地雷达主机天线类型选择

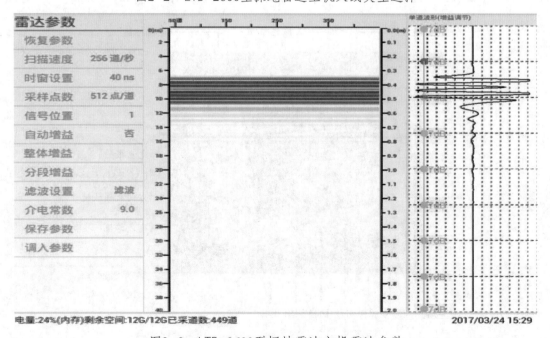

图2-3　LTD-2600型探地雷达主机雷达参数

1) 恢复参数

点击恢复参数, 则根据选择的天线主频, 加载对应的默认参数。

2) 扫描速度

使用上下键选择扫描速度, 回车确认。扫描速度对应的数值变红时, 可对该条目进行编辑, 点击上下键, 增加或者减小数值, 回车确认。

3) 时窗设置

时窗的长度就是右侧波形的纵轴时间长度, 代表记录信号的最大双程走时长度, 该值限定了最大探测深度。系统默认加载了天线对应的常数时窗值。时窗设置范围由系统根据天线频率决定其可调节的上限及下限。

参数设置时, 使用回车确认选定进行编辑, 对数值使用上下按键进行加减调节, 更改完成后回车进行确认编辑。

4) 采样点数

在参数列表中选择"采样点数", 回车数字变红进入编辑状态, 上下键进行数值加减, 回车确定数值, 数字变色, 编辑完成。

5) 信号位置

在参数列表中选择"信号位置", 回车数字变红进入编辑状态, 上下键进行数值加减, 回车确定数值, 数字变色, 编辑完成。

6) 自动增益

在参数列表中选择"自动增益", 回车选择"是"或者"否"确定是否使用自动增益。

7) 整体增益

在雷达参数下属的项目中, 选择"整体增益", 回车变为红色时为可编辑状态, 此时焦点移动到最右侧单道波形区域, 点击左右按键进行整体增益的调节, 向右为整体增益放大, 向左为整体增益减小。

8) 分段增益

开启雷达工作后, 单道波形显示区域会出现9点增益显示, 9点增益以顺序连接的9个小的绿色圆球示意, 当选择其中的某个小圆球时, 小圆球变为红色, 可以按右键向右侧拉动, 此时增益值向增大方向变化, 相应位置的信号幅度变大, 并且在屏幕中显示目前调节的增益值。按左键向左侧拉动, 此时增益值向减小方向变化, 相应位置的信号幅度变小, 并且在屏幕中显示目前调节的增益值。

9) 滤波设置

在滤波设置中进行编辑, 选择设置"滤波"或者"无滤波", 雷达图像会进行相应的滤波或无滤波变化。

10) 介电常数

开启雷达工作时, 雷达左侧参数栏有"介电常数"图标, 波速设置值可更改, 标尺显示时, 深度参考值随波速设置值改变。

11）探测方式

开启雷达工作后，雷达工作界面的右侧参数栏有"连续测量""人工点测""测距仪控制"三种操作模式。

点击"连续测量"时，雷达工作在时间触发模式，以设定的扫速工作。点击"测距仪控制"时，进入测距仪控制模式，在当前测距仪下进行测距仪测量。"人工点测"是为适应复杂环境探测需求，系统提供的单次触发操作模式。开启雷达后，点击右侧菜单栏中的"单次触发"，将启动单次触发工作模式，在此模式下，每双击一次雷达波形显示区域，可得到一道雷达数据。见图2-4。

在测距仪触发模式下工作时，标记扩展对测距轮上的编码器输送出信号的有效次数进行限定，以此扩展/缩小标记间距离。

采用测距轮测量方式时，转动测距轮，系统提示设置标记扩展，而后随测距轮转动，编码器每输送出N个信号，系统记录一道波形。

当测距仪触发距离设置过小且测距仪移动较快时，可能会导致测距仪的触发速度大于目前设置的扫描速率，导致数据丢失。为避免这种情况，系统设计用超速报警提醒用户改变测距仪触发距离或降低测距仪移动速度来避免数据丢失。

2.1.2 实时处理

1. 道间平均

道间平均是在背景比较杂乱、噪声水平较高的探测环境下，通过将采集的数据进行平均以达到抑制噪声，使有用信号凸显的方法。道间平均适宜在探测较大的目标体时使用，在探测小目标时不建议使用。

2. 背景消除

背景消除的目的是将雷达的直达波及固定波消除，凸显探测目标信息，当探测到异常目标时，波形会呈现急剧变化，使目标的雷达信号更加直观，如图2-4所示。

3. 显示方式

开启雷达工作后，在"显示方式"中可选择显示方式，并可使用上下键设置多种配色。

4. 保存设置

雷达工作界面左侧系统设置下有保存设置选项，选中后确定，弹出存储位置表，雷达数据默认保存文件夹为Interfile，选择后，可以使用LTD-2600下侧的"保存"按键，保存采集的雷达数据，如图2-5所示。

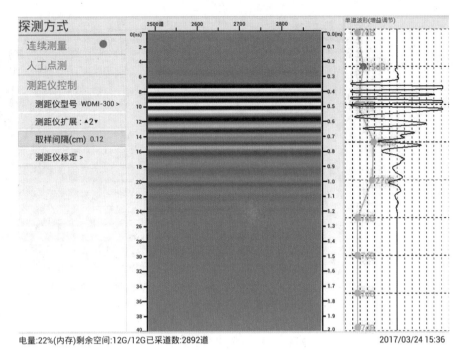

图2-4　触发模式选择和测距仪触发设定

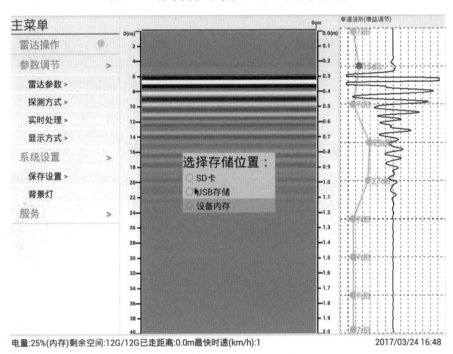

图2-5　数据保存

5. 背景灯

在系统设置下的"背景灯"选项可开启或者关闭键盘背光灯。

6. 用户指南

选择查看在服务下的"用户指南",有简单操作提示。

7. 数据标记

在工程检测时,往往需要对检测数据进行标记,以进行后期距离校准或对某一特定目标进行标识。我们提供两种标记方法。在数据保存时,可点击左键打短标,或者点击右键打长标,见图2-6。

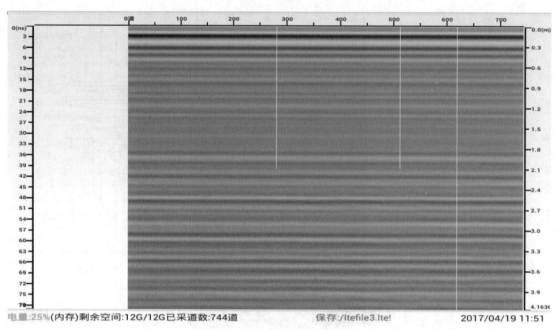

图2-6　保存模式下插入标记

附：天线参数列表

2600主机预先设置了各种采集参数文件。注意这些仅仅是普通的参数设置，具体测量情况须具体对待，修改相应的采集参数。

LTD-2600推荐参数见表2-1。

表2-1　LTD-2600天线参数

常用天线及参数设置		应用领域	天线照片
GC900 MHz 天线		在隧道衬砌质量检测中，GC900 MHz天线可用于衬砌厚度、衬砌脱空及钢筋（钢骨架）分布探测。 在公路检测中，可用于结构层病害检测	
扫描速度	128 scan/s		
采样点数	512		
信号位置	信号初至放到时窗上部10%的位置		
增益选择	从上到下依次增大		
滤波设置	通常使用		
探测方式	测距仪控制		
GC400 MHz 天线		在隧道衬砌质量检测中，GC400 MHz天线可用于衬砌厚度、衬砌脱空及钢筋（钢骨架）分布探测。 该天线还可用于地下管线定位、道路病害探测等中等深度目标探测	
扫描速度	128 scan/s		
采样点数	512		
信号位置	信号初至放到时窗上部10%的位置		
增益选择	从上到下依次增大		
滤波设置	通常使用		
探测方式	测距仪控制		
GC100 MHz 天线		GC100 MHz天线用于隧道地质超前预报时，可探测掌子面前方溶洞等地质灾害。 该天线还可用于地质勘查、道路塌陷探测等较深、较大的目标探测	
扫描速度	64 scan/s		
采样点数	1024		
信号位置	信号初至放到时窗上部10%的位置		
增益选择	从上到下依次增大		
滤波设置	通常使用		
探测方式	人工点测，使用信号叠加功能		

2.1.3 探地雷达IDS作业指导书

1. 仪器配置（K2 FastWave）

K2-FW主机。

由网络传输光纤口、增益天线、电源接口、19针电缆接口（用于部分天线如400—900模块）、11针电缆接口、测距轮接口组成。所有接口都有区别，安装时注意仔细查看。开机时长按电源键2 s，电源指示灯亮。见图2-8。

天线主要有测距轮接口和电缆接口，两侧设有把手，方便携带和固定测距轮板，下方白色固定装置可用于连接拖杆，贴地使用时更加方便，见图2-7。

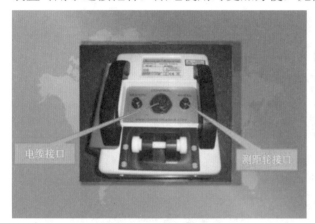

图2-7　意大利IDS（600 MHz）天线

图2-8　意大利K2 FastWave探地雷达主机

其他配件如图2-9、2-10所示。

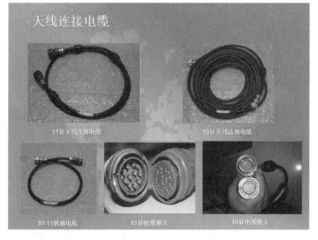

图2-9　意大利IDS 电缆线（11针、19针）

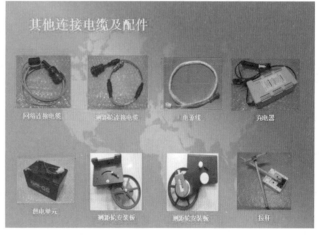

图2-10　附属配件

各类电缆用于连接天线和主机。

2. 连接方法

如图2-11所示，首先把测距轮板安装到把手下，然后装上测距轮，连接到天线的测距轮接口上，把电缆分别与天线和主机连接，再把网线与电脑和主机连接，最后把电源电缆与主机和电池连接，开机即可。

（a）　　　　　　　　　　　　　（b）

（c）

图2-11　设备连接实例

3. 系统启动与显示

首先在笔记本电脑的桌面上选择网上邻居，并单击右键，选择属性，选择本地连接（LAN），并单击右键，选择属性。

从一系列网络组件总菜单中选择网络协议（TCP/IP），单击左键选择属性，如图2-12所示，把IP修改为192.168.200.xxx（1-199），子掩码为255.255.255.0。

打开软件后进入主界面。如图2-13所示，主界面有主显示区、驱动选择、功能键区，以及右上角的状态指示和右下方天线信号窗口。开机后选择相应天线驱动，主显示区6项全部通过，4项指示灯变绿，天线信号窗口出现波形，设备即正常启动。

图2-12　网络参数设置

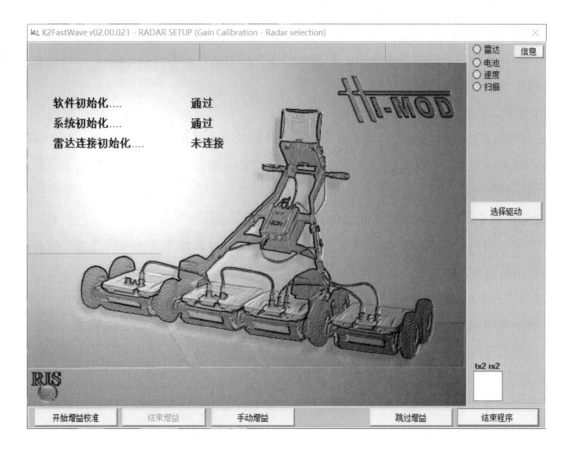

（a）

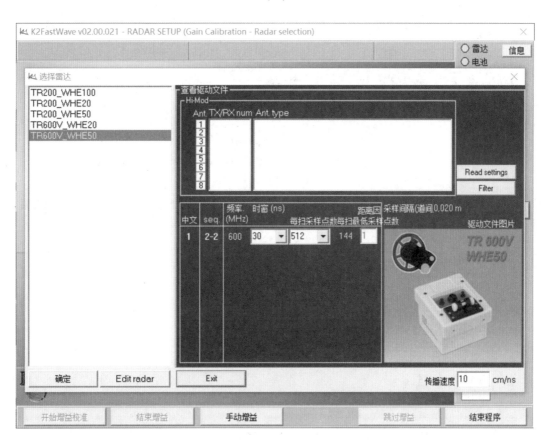

（b）

图2-13 根据不同天线以及需求，选择对应的天线驱动

4. 采样点数（samples）

每根扫描曲线是由一组数据点组成，数据点的多少称为采样点数（samples），采样点数越多，扫描曲线越光滑，垂直分辨率越好。

5. 时间窗口、量程、范围（range）

range为时间窗口（单位为ns），即地质雷达系统记录电磁波反射信号的长度。时间窗口与地质雷达信号的探测深度有直接关系，时间窗口越大则记录的电磁波时间序列越长，表示记录的反射信号对应的地层界面越深。

6. 介电常数（DIEL，dielectric constant）

地下介质（材料）的介电常数，基本上反映了雷达电磁波在地下介质中的传播速度。时窗、采样点、采样间隔可在参数设置中根据需要自行修改。

7. 测量方式（mode）

有三种测量方式，测距轮触发、自动叠加（时间触发模式）以及手动叠加模式，双击主界面上方灰色条带即可进入。

8. 增益（gain）

自动增益设置，采集一段距离，在天线所在位置上自动调整增益函数大小，使得信号振动幅度大小合适，便于操作员识别探测资料，如图2-14、图2-15所示。

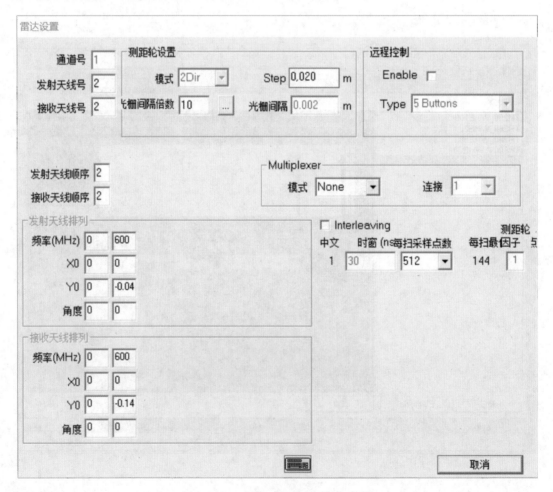

图2-14　时窗、频率及相关参数

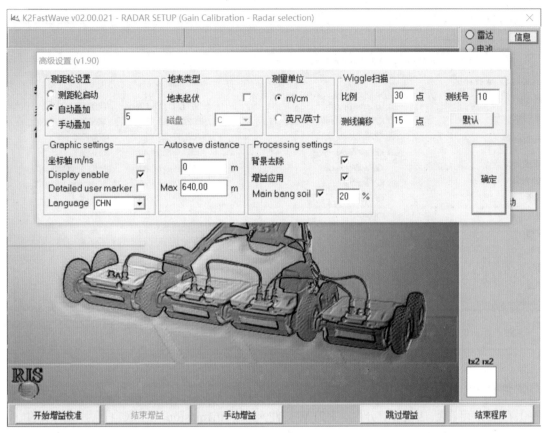

图2-15　数据采集设置界面

9. 新建采集文件（如图2-16、图2-17所示）

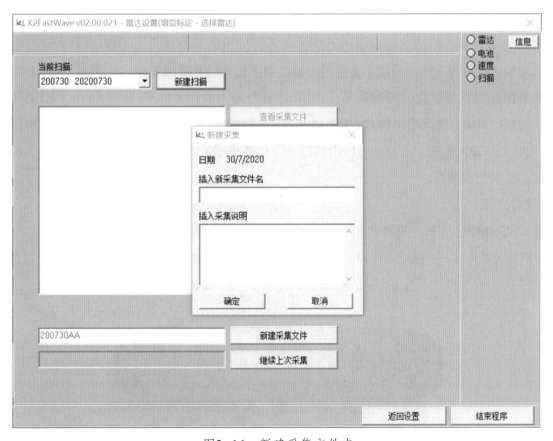

图2-16　新建采集文件夹

图2-17　文件存储位置

10. 文件存储

文件保存后，可在默认位置C分区，K2FW文件夹中点击mission，选取自己想要的文件。

2.1.4　探地雷达SIR-4000作业指导书

1. 一般描述

SIR-4000是轻量、便携式地质雷达系统，是各种应用的理想选择，适配GSSI公司的数字化天线、模拟天线或者双频天线。系统不支持同时操作数字化天线和模拟天线。

系统外组件包括：键盘、控制旋钮、1024×768分辨力的10.4 in（1 in=2.54 cm）LED液晶显示屏、连接面板（HDMI视频输出接口、USB 2.0接口、网线接口、串口、数字天线接口、模拟天线接口、电源接口、GPIO连接口、Micro-USB接口）、电池插槽和指示灯。显示屏幕可在采集模式下实时显示数据或者回放数据。

2. 硬件连接

顶部：SIR-4000在主机顶部具有7个接口。面对主机，从左到右这些接口依次是：13针数字天线接口、19针模拟天线接口、外接电源接口、GPIO接口、HDMI视频输出、串口和USB 2.0接口，见图2-18。

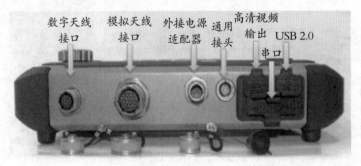

图2-18　美国劳雷SIR-4000主机各接口示意图

数字天线接口：系统顶部13针接口用于连接GSSI公司数字天线控制电缆。SIR-4000上数字天线接口的连接处具有5个金属卡槽，这些卡槽与控制电缆接头上的凸出部分相匹配以确保插针能够正确连接。

模拟天线接口：系统顶部大的19针接口用于连接GSSI公司的模拟天线。SIR-4000上的天线连接口具有5个金属凹槽，这些与控制电缆的凸出部分相匹配，以确保插针能够正确连接。

旋转电缆接头到SIR-4000主机上以确保正确连接。电缆只能用手拧紧，不要使用手钳等工具进行操作以免过紧而造成损坏。电缆接头应该旋转至覆盖SIR-4000接头底座的红色线部分。

连接或拆卸天线的唯一正确时间是系统关机。确保断开任何外界电源并且取下电池，再连接天线或者拆卸天线。

外接电源适配器：接入可选的外接交流电源适配器进行工作，参数为110～240 V、47～63 Hz。

通用接头：通用目的输入输出接头。预留接口，用于GSSI公司后期研发的各种附件和外接设备。输出信号包括电源、GPS以及其他信号。

高清视频输出：允许用户把SIR-4000屏幕重新显示在外接显示器或者投影仪上。

串口（RS-232）：标准串行接口，用于将SIR-4000和GPS直接建立连接，同时提供电源。

USB 2.0：本端口用于连接各种USB外接设备，包括鼠标、键盘、存储设备。

SIR-4000主机内置存储容量大约为32 GB。（见图2-19）

右侧。

微USB接口：本接口用于连接外置USB存储设备，进行数据传输。

网络接口：网络接口保留，未来用于开发其他功能。

图2-19 美国劳雷SIR-4000主机

左侧。

电池插槽：电池插入后，可用电池插槽上方的卡扣来固定电池，插槽上的扭簧可用以阻止电池滑出，见图2-20。

图2-20 电池拆卸接口

键盘：内置键盘、旋钮。键盘有16个按钮和两个指示灯以及1个旋钮，除了电源按钮，所有按钮都有替代键可以实现相同的功能，见图2-21。

图2-21 主机功能按扭介绍

电源按钮：本按钮对SIR-4000进行开机和关机。插入电池或者连接可选的外接交流电源适配器，按电源按钮系统即开机。

按下此按钮并保持大约4 s直到屏幕变黑，系统关闭。当遇到错误时，大约10 s系统才能响应。

电源状态指示灯：系统开机时，此指示灯为红色并闪烁；系统准备就绪，LED灯保持为红色常亮。

控制旋钮：旋钮用于在菜单树之间进行循环操作、快速改变数值、进行选择。

顺时针旋转旋钮，菜单向下滚动，数字减小；逆时针旋转旋钮，菜单向上滚动，数字增加。

按下旋钮在开启和关闭之间切换或者打开下一级菜单。修改下一级菜单选项后，第二次按下旋钮锁定选择内容。

方向键盘：本组按钮包含5个键，在旋钮的下方；Enter键在中间；这些键用于在菜单树之间进行切换和选择。

通过按上下键，移动菜单。按Enter键，切换开启和关闭旋钮或者打开下一级菜单。

利用上下左右按钮来修改菜单。在修改下一级选项后，Enter键第二次按下以锁定选项。

回退按钮：返回至主界面。

开始按钮：短按开始数据采集。长按在数据采集期间则停止当前文件数据采集并且立即打开一个新文件，提示保存或者放弃当前文件。在数据采集期间，短按是禁止的，不起作用。

停止按钮：短按停止数据采集。长按停止数据采集或者回放，并且返回至主菜单。

标记输入按钮：本按钮位于停止按钮下方。在数据采集或者回放期间，按下此按钮将会在数据中打上一个用户标记。用户标记用于后期数据处理，以判别时间模式中两个已知点即标记处之间的扫描数（多少）。

　　如果用户没有采集距离模式，用户标记是非常有用的，可用于注释目标的位置或者障碍物，如柱子、大树、电线杆等。

　　用户标记显示为长虚线，垂直方向，红色，贯穿整个数据窗口。

　　添加用户标记只要按下SIR-4000主机面板上标记输入按钮，或者按下连接至系统的测量车手柄或者标记按钮。

　　软件控制按钮：6个按钮位于显示屏幕下方，用于改变功能。依据SIR-4000采用的当前模式对应相应的功能。

　　3. 硬件设置

　　SIR-4000硬件设置非常简单。我们以400 MHz天线（型号为50400S）连接测量轮为例进行介绍，具体操作步骤如下。

　　1）单测量轮编码器：连接测量手柄至天线上方的两个垂直固定板，采用可移除栓子进行固定。调节角度至用户感觉舒服，连接手柄的标记电缆至天线上的标记接口MARK，见图2-22、图2-23。

图2-22　连接标记接口MARK

图2-23　调节标记手柄杆固定角度

2）采用测量轮编码器：连接测量轮至天线面板的固定架（见图2-24），并且连接测量轮数据线至天线顶部的测量轮接口SURVEY。确保三角板朝下，以保护编码器。

图2-24　连接测量轮编码器

3）模拟天线：连接天线控制电缆母口至天线，接着连接公口至SIR-4000主机顶部的19针模拟天线连接口，并且把两个保护盖拧在一起，见图2-25。

4）数字天线：连接天线控制电缆的母口至天线，接着连接公口至SIR-4000主机顶部的13针数字天线接口，并且把两个保护盖拧在一起，见图2-25。

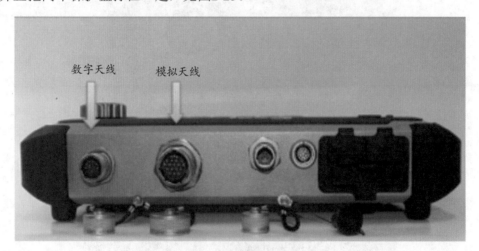

图2-25　天线接口

5）连接电源（电池或者交流电源适配器）至SIR-4000，并且按电源按钮，系统开机。

6）已有测量车，需要固定硬件（支架），用于连接SIR-4000自带的通用固定板。

4. 系统启动与显示

按电源按钮后SIR-4000启动并闪屏后，进入引导屏幕，即主界面。在本屏幕用户能够选择如图2-26所示的选项和模式，它也包含底部的工具栏和状态信息。

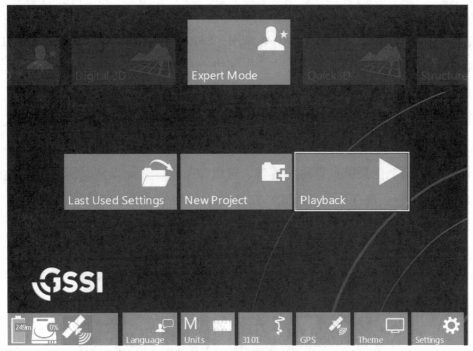

图2-26　主界面通用设置

通用设置：一旦主界面载入，用户可以选择合适的语言、单位、天线、GPS设置和屏幕颜色。这些选项可在屏幕的底部工具栏中进行选择。

天线（Antenna）：如果一个模拟天线没有"Smart ID"连接到SIR-4000主机，可以从工具栏天线选项中选择合适的天线频率。如果一个数字化或智能（Smart ID）天线连接到主机，天线频率将自动识别。

选择天线类型（Antenna Type）：从频率列表中选择一个合适的天线频率，见图2-27。

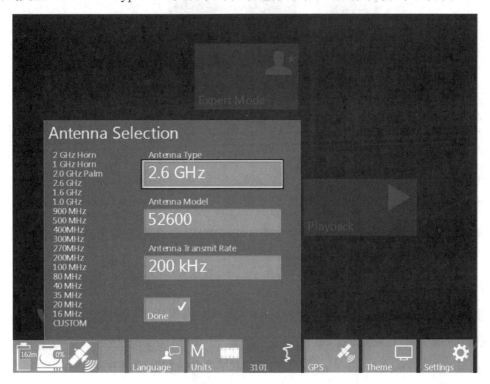

图2-27　天线频率设置界面

模式：专家模式（Expert Mode）、快速三维（Quick 3D）、二维结构扫描（Structure Scan 2D）、三维结构扫描（Structure Scan 3D）等。常用二维剖面测量采用专家模式，可新建项目或调用已有项目进入采集参数设置界面。

5. 专家模式（Expert Mode）参数设置

一旦新项目创建，将看到一个分离的屏幕，在左边是主数据显示窗口，中间是单点波形窗口，右边是参数设置菜单。

参数设置菜单中有4个主菜单：雷达、处理、输出和系统。开始采集前需要在这4个主菜单中检查或调整参数设置。主要参数有：采集模式、扫描/秒、采样/扫描、扫描/单位、单位/标记、静态叠加、介电常数、深度范围、时间记录长度、信号位置、延时、表面、FIR低通和高通滤波、FIR叠加、IIR低通和高通滤波、IIR叠加、垂直刻度等，见图2-28。

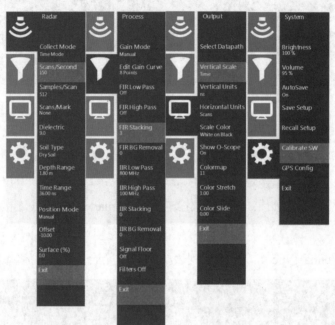

图2-28　常用400 MHz天线参数设置

（1）调用参数设置（Recall Setup）

如果之前已经保存了一个参数设置文件，那么想使用这个参数设置文件时可以调用它。调用已保存的参数设置文件时会覆盖现有的参数。参数设置文件可以使用系统默认的16个名称，也可以另外命名。

①打开系统菜单，选择调用设置。

②使用旋钮或方向键选择已保存的设置文件，一旦想用的设置文件高亮显示时，按旋钮或Enter键选择。

（2）雷达（Radar）菜单

①采集模式（Collect Mode）：可设置为时间模式、距离模式、点测模式。

②介电常数/土壤类型（Dielectric/Soil Type）：选择一个最能代表测量区域的介电常数或土壤类型。

③深度/记录长度（Depth/Time Range）：有两种方式来设置深度或记录长度。

全区域判断：主机处于采集参数设置模式，数据不断在屏幕上滚动，在测量区域拖动天线。通过单点波形窗口观察信号的稳定程度，如果信号较稳定，应该增加深度或记录长度直到扫描道的25%包含噪声。信噪比将随着天线移动而改变，因此保留一些噪声将更能保证在全区域采集到高质量信号。

指定目标体判断：主机处于采集参数设置模式，数据不断在屏幕上滚动，在测量区域拖动天线，找到成像的目标体。注意目标体在屏幕上的位置，如果处于不合适的位置，则改变深度或记录长度。

④扫描/秒（Scans/Second）：数据密度依赖于移动天线的速率。

⑤单位/标记（Units/Mark）：可以设置每移动一段固定距离自动显示一个距离标记。

（3）处理（Process）菜单

①增益方式（Gain Mode）和编辑增益曲线（Edit Gain Curve）：单点波形窗口中叠加在扫描道上的细红线是增益曲线。扫描道的中心线为零，零线左边为负波，右边为正波。增益（dB）通过一个指数函数来模拟信号的衰减。目标应该是得到的增益曲线使得单扫描道从顶到底的幅度变化处于单点波形窗口的合适范围。

选择自动增益模式：如果自动增益模式已经选择，可以按屏幕底部的初始化（Init）控制按钮在当前扫描道上应用一个自动增益曲线。这时系统将重新初始化，同时增加/减去增益来产生一个可见信号，在测量区域内移动天线寻找有削波的位置。如果数据产生削波，则将天线定位在该位置，按初始化按钮重新增益。这样将减少增益使得数据不产生削波。

如果计划采集多个剖面同时希望各剖面进行比对的话，通常最好把增益设置为手动增益模式。一旦发现增益设置比较可行时（能看到目标体同时信号不产生削波），则可以固定该增益。

如果正在进行实时定位，可以把增益模式设置为自动（Auto），这样可在剖面间信号质量变化时使用初始化。

②编辑增益曲线（Edit Gain Curve）：如果使用自动增益模式后信号的一部分增益过小或过大，可以增加或减少增益点数。增益点数选择后会均匀分布在扫描道上，点数改变可以使得沿扫描道增幅放大或缩小。

选择编辑增益曲线，加点或删点来修改增益曲线，保存并退出回到采集设置界面。

（4）输出（Output）菜单

①刻度和单位（Scale and Units）：选择正在使用的合适的垂直刻度（Vertical Scale）、垂直单位（Vertical Units）和水平单位（Horizontal Units）。

②颜色变换（Colormap）、颜色拉伸（Color Stretch）和颜色滑动（Color Slide）：检查正在使用且喜欢的颜色刻度设置。

（5）系统（System）菜单

①自动保存（AutoSave）：这个选项用于设置保存采集到的所有文件，或有选择地保存一部分。如果设置为ON，系统将自动保存每个剖面。

如果进行实时定位，建议设置为On，这样将减少选择数。如果采集单个剖面来组建3D网格，建议设置为Off。

②保存设置（Save Setup）：如果已经修改好参数设置，选此项可以保存设置。以后可以随时调用这组参数。

6. 数据采集（见图2-29）

1）按绿色开始键（Start）一次，SIR-4000将立即按设置的扫描速率开始采集扫描点，扫描点将从左到右显示在屏幕上。

2）如果需要控制距离，可在采集中使用标记键（MARK）按照合适的间距来打用户标记。这样可以在Radan软件中校正距离（时间模式）。

例如，采集单条测线来使用Radan软件组建一个3D网格，在每条测线的起点和终点打用户标记。

3）采集结束后，按红色停止键（Stop）一次结束采集或按住绿色开始键（Start）。

如果自动保存（AutoSave）设置为打开，则文件自动保存。如果自动保存（AutoSave）设置为关闭，则会弹出询问是否保存文件的对话框，通过旋钮或方向键选择保存或不保存。

7. 回放模式及数据导出

在主界面或数据采集设置模式中，按回放键会出现一个文件列表，提示用户从当前文件夹中选择文件打开。利用旋钮或者方向键选择已经保存的数据文件来回放。用户可以依次选择多个文件回放。

选择所有文件（Select All）：选择当前工区文件夹/路径下的所有文件依次回放。

选择路径（Choose Path）：允许用户选择不同的工区文件夹来回放。

复制到USB（Copy to USB）：传输当前选中的数据文件至USB闪存的一种方法，这些文件会复制到外置USB闪存，并且保留备份在SIR-4000主机中。

移动至USB（Move to USB）：传输当前选中的数据文件至USB闪存的一种方法，这些文件将会从SIR-4000中移除。

删除文件（Delete Files）：删除当前所选择的文件，如果选择所有文件，则仅保留文件夹。

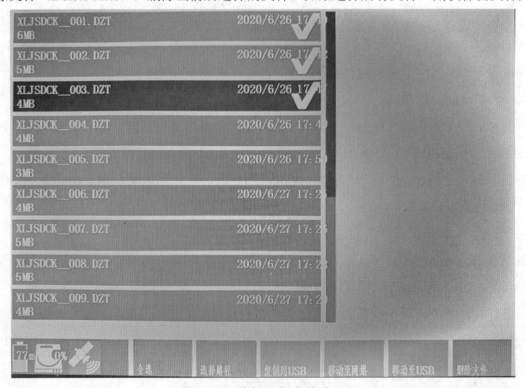

图2-29　数据采集存储界面

附：天线参数列表

SIR-4000预先设置了各种采集参数文件，适用于GSSI多数天线。注意这些仅仅是普通参数设置，具体测量情况还须具体对待，修改相应的采集参数。

SIR-4000预设参数见表2-2。

表2-2　SIR-4000天线参数

常用天线及参数设置		应用领域	天线照片
GC900 MHz 天线		在隧道衬砌质量检测中，GC900 MHz天线可用于衬砌厚度、衬砌脱空及钢筋（钢骨架）分布探测。在公路检测中，可用于结构层病害检测	
扫描速度	128 scan/s		
时窗	20 ns		
采样点数	512		
信号位置	信号初至放到时窗上部10%的位置		
增益选择	从上到下依次增大		
滤波设置	通常使用		
介电常数	如果没有标定，不妨先设置为9		
探测方式	测距仪控制		
GC400 MHz 天线		在隧道衬砌质量检测中，GC400 MHz天线可用于衬砌厚度、衬砌脱空及钢筋（钢骨架）分布探测。该天线还可用于地下管线定位、道路病害探测等中等深度目标探测	
扫描速度	128 scan/s		
时窗	50 ns		
采样点数	512		
信号位置	信号初至放到时窗上部10%的位置		
增益选择	从上到下依次增大		
滤波设置	通常使用		
介电常数	如果没有标定，不妨先设置为9		
探测方式	测距仪控制		
GC100 MHz 天线		GC100 MHz天线用于隧道地质超前预报时，可探测掌子面前方溶洞等地质灾害。该天线还可用于地质勘查、道路塌陷探测等较深、较大的目标探测	
扫描速度	64 scan/s		
时窗	300～500 ns		
采样点数	1024		
信号位置	信号初至放到时窗上部10%的位置		
增益选择	从上到下依次增大		
滤波设置	通常使用		
介电常数	如果没有标定，不妨先设置为9		
探测方式	人工点测，使用信号叠加功能		

2.1.5　MALA ProEx 雷达操作规程

1. 仪器简介

ProEx为MALA公司推出的第三代数字式雷达主机，是MALA雷达系统的主要部分，可与MALA/GPR的所有天线兼容，天线与主机间采用光纤真数字传输，且速度很快。

ProEx是雷达数据采集的管理器，它由电源、产生控制信号的模拟电路部分及内置计算机构成。三个并行的32位处理器控制发射和接收时间、采样率及道间距，在缓存器中保存原始数据，将数据传输到PC或监视器中。三个控制器快速双向地进行内部通讯，由高速以太网进行外部通讯，从而解决了老主机的数据传输瓶颈。为了安全容易地进行操作，所需的校准参数保存在ProEx的内存中，天线设置在XV或PC中以不同文件保存。

2. 主机参数设置（见表2-3）

表2-3 MALA ProEx探地雷达数据采集参数设置

脉冲重复频率	100，200，330…kHz（最高可达1000 kHz）	A/D转换	16 bit
采样样点数	128～2048（用户自选）	迭加次数	1～32 768（自动或用户选择）
采样频率	0.2～100 GHz	信号稳定性	<100 ps
通信方式	以太网通信	通信速度	100 Mbit/s
天线与主机连接	光纤	重量	1.9 kg
触发方式	距离、时间、手动	分辨力	5 ps
时窗范围	0～45 700 ns	扫描速率	7800 scan/s
工作温度	−20～50 ℃	环境标准	IP67
供电	12 V MALA/GPR标准锂电池或12 V适配器	天线兼容性	兼容所有MALA/GPR

3. 连接MALA ProEx雷达

1）组件

①MALA ProEx 主机。

②天线模块（光纤、同轴或高频）。

③选择天线：屏蔽，非屏蔽，钻孔，高频或收发分离天线。

④光纤，同轴电缆或高频天线电缆。

⑤ProEx及天线的电池。

⑥ProEx与计算机或XV监视器通信的以太网数据电缆。

⑦用外接笔记本时，数据采集软件（GroundVision2）。

除上面提到的部分外，还有不同尺寸的测距轮、拉杆、天线提手等。

2）连接屏蔽天线

①在屏蔽电子单元中，LED指示器指示出屏蔽电子单元与雷达控制单元的通信状态。

②LED指示器闪光时，T和R从ProEx接收到触发脉冲，不亮说明电子设备没有通电，持续发亮说明没有从ProEx接收到触发脉冲。标有D的LED闪光时说明数据被传送给ProEx，不亮说明电子单元没有通电，持续发亮说明没有向ProEx发射数据。

③一个LED指示器持续发光说明光纤通信中断。这说明光纤有问题或者光纤接头需要用系统提供的高压气瓶进行清理。若所有LED都不发光，则说明电子单元的电源出了故障，需更换电池或充电。若使用了新电池后电子单元仍然无法工作，则说明出现了内部故障。

④组装。

a. 将屏蔽电子单元放在天线上，光缆放在天线前面。

注意不要将电子设备装反，否则将损坏电子设备单元。

b. 先把电子单元紧密地放在天线上，然后拧紧两个黑色螺丝。

c. 将电池装在电子单元上。

d. 将测量轮装到天线后边，并将信号光缆连接到电子单元。

e. 将光缆软管系在背架上，以减轻受力。

f. 将T、D、R光纤与ProEx连接。

g. 将测距轮的信号光缆与ProEx连接。

注意电子单元底部两个O型圈须在D型接口上，它可以起到防水作用。

3）连接系统组件

a. 如果使用非屏蔽或屏蔽天线，连接天线的电子单元。

b. 用以太网通信电缆将ProEx与外部PC或监视器相连。

c. 按以下说明正确连接ProEx与天线电子设备之间的光缆。

非屏蔽系统：单光缆从ProEx的T接口连接到发射机，双光缆从D、R接口连接到接收机上对应的接口。（注意！一定要把光纤帽装到ProEx上，以保护光纤和接口）

屏蔽系统：标有T、D、R的光纤分别接到ProEx上相应的接口。

正确安装测距轮，并接到ProEx标有Wheel的接口上。（注意！测距轮的精度不是固定的，它受以下因素影响：探测表面、测距轮上的压力、轮子的磨损。如果精度不够，可以重新校正该轮子）

打开天线、扩展单元和ProEx上的开关，打开PC或XV监视器，运行数据采集软件GroundVision2。然后就可以操作MALA GPR系统了。

4. 天线模块（见表2-4）

表2-4　MALA ProEx各类天线概况

100 MHz屏蔽天线	
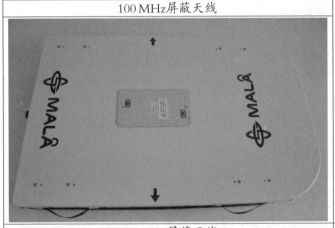	径向分辨力25 cm，最大探测深度25 m，尺寸1.25 m×0.78 m×0.20 m，质量25.5 kg。用于中低分辨率探测，适用于地质勘查、超前预报和地下调查等
250 MHz屏蔽天线	
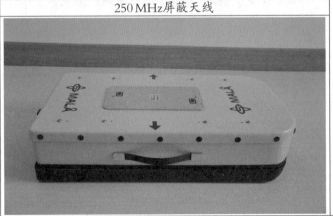	径向分辨力10 cm，最大探测深度8 m，尺寸0.78 m×0.44 m×0.16 m，质量8.0 kg。它是常用天线之一，用于中等穿透深度和中等分辨率探测，一般用于管线、地下埋藏物、空洞探测等

待续

500 MHz屏蔽天线	
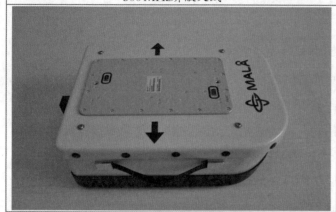	径向分辨力5 cm，最大探测深度6 m，尺寸0.5 m×0.3 m×0.16 m，质量5.0 kg。它是最常用的天线，用于高分辨率的中浅部探测，一般用于管线探测、隧道衬砌检测、路面检测、考古等
800 MHz屏蔽天线	
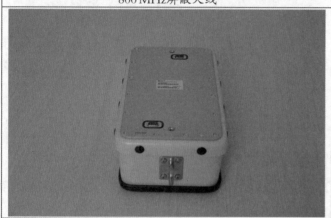	径向分辨力3 cm，最大探测深度2.5 m，尺寸0.38 m×0.2 m×0.12 m，质量2.6 kg。用于高分辨率的浅部探测，一般用于公路、铁路、水利水电及电力线缆隧道探测，如隧道复合衬砌的初支和二衬的厚度、空洞、不密实、脱空及钢筋和钢拱架分布和隧道围岩裂隙、破碎探测等

2.2 隧道衬砌检测和评价的技术依据

由于地质条件的复杂性，隧道设计和施工涉及众多的技术专业和技术标准，隧道检测评价是以设计为依据检测施工质量，同时查找在设计和施工阶段未能发现的隐蔽的灾害性地质病害，为隧道彻底整治提供依据。铁路隧道检测评价主要依据以下行业标准：

1.《铁路工程地质勘查规范》（TB 10012—2019）；

2.《铁路隧道设计规范》（TB 10003—2016）；

3.《铁路隧道衬砌质量无损检测规程》（TB 10223—2004）；

4.《铁路混凝土工程施工质量验收标准》（TB 10424—2018）；

5.《铁路工程基桩检测技术规程》（TB 10218—2019）；

6.《铁路桥隧建筑物劣化评定标准 隧道》（TB/T 2820.2—1997）；

7.《铁路隧道工程施工质量验收标准》（TB 10417—2018）；

8.《铁路工程结构混凝土强度检测规程》（TB 10426—2019）。

第三章 | 探地雷达实施方案

▶3.1 检测相关要求

保证数据质量，做好介电常数现场标定工作。为了保证红线检查资料的准确性，对迎检段落应增加检测测线、检测次数。无损检测发现隧道衬砌厚度不足、背后脱空、钢筋缺失等问题时，必须给予现场验证，查实问题部位和影响范围，并做好记录。

1. 原始数据质量

采集数据确保高质量，严格按照规范要求进行检测，现场未满足检测条件，技术人员应整改，保证现场检测及时、高效进行，采集的数据及时归档、上报。

2. 报告准确性

检测人员对检测报告中的每一项进行检测。检测人员对检测报告中检测依据的正确性、检测项目的完整性、实测结果的准确性和检测结果的公正性负责，对打印的检测报告的文字负责。

3. 报告缺陷里程

出具检测报告时，保证缺陷里程在所检测的里程范围之内，对照检测缺陷截图，确保缺陷里程和缺陷截图在同一个位置、同一个里程、同一个附图编号。

4. 检测频率

对隧道完成施工衬砌达到混泥土龄期的应及时检测，特殊情况应提前检测，每个月汇报检测频率，对隧道全长、检测里程、检测长度、检测次数统一汇总检测频率表、检测比例表。

5. 雷达的日常保养

随时保持电池的饱和，以免检测中出现电量不足的情况；采集数据安装仪器时注意接头处清洁，每次检测完毕，清洁擦拭仪器、连接线；现场采集完毕仪器里面的数据应及时移存，随时保持足够的空间；定期对天线的测试面进行加固（如防水板包裹等）；定期对仪器开关机运行。

▶3.2 组织管理

1. 总公司统一组织，检测工作在督查组组长领导下开展。按督查方案成立现场检测小组，检测小组长由监督站派出，配合红线督查组同步开展工作，做好现场检测、取样及检查。

2. 对于检测内容，建议同一建设项目各标段的取样数量（工程实体、原材料）和规则基本一致，避免引起争议。

3．二衬、仰拱砼取样部位及隧道无损检测里程位置，按照督查组组长要求进行取样、检测。

4．根据《铁路工程质量监督检测管理办法》要求，按照相对综合实力和原则性强、资信及业绩相对较好、区域相对就近的原则，在铁路监督机构检测名录中选定检测单位。

5．检测单位按要求组织好人员及仪器设备，人员应经过培训、持证上岗，所使用的所有仪器设备量程、精度符合要求，且在检定（校准）有效期内（如：万能角度尺、直尺等）。

6．现场检测和取样时，同时对第三方检测工作进行抽查。

7．砼强度试样采用"明码编号"。现场取样时，监督人员和检测人员在芯样上签字；监督人员负责编号、芯样长度尺寸标注，并留取芯样照片；同时检测单位也留取芯样照片。防水板、减水剂采用检测单位内部"二次编号"（检测单位领导安排一名极负责任人员进行编号，保证试验人员盲样试验，监督局人员见证试件抗压时，将进行检查），样品运到试验室后及时对样品进行检测。

8．为保证数据客观公正，部分检测及检查应在现场出具结果，检测组长将检测和检查结果即时报告督查组组长。该类检测及检查包括：第三方检测工作的突出问题，路基、桥梁工程基桩完整性检测结果，填料粒径、钢结构焊缝检测结果，隧道无损检测及实体破检验证结果。

9．每组混凝土芯样建立一个档案，包括现场芯样照片、运到试验室后切割前芯样照片、切割后抗压前芯样照片。

10．隧道工程实体质量及钢结构焊缝质量检测时，检测单位认真核实隧道无损检测里程及取芯位置、焊缝位置，严禁与以往红线督查检测、工程监督机构抽检、国家铁路局抽检的里程及位置重合。

11．年内开通项目已进入联调联试阶段不具备检测条件的，原则上不安排质量抽检，同时不考虑第三方检测单位的检查。（检测内容根据督查方案和组长要求进行调整，无要求的不得随意增加抽检项目）

▶3.3　隧道工程实体质量检测

3.3.1　二衬、仰拱混凝土强度测试取样和检测

1．检测单位配备的钻孔取芯机性能优良，确保钻取的芯样平顺、无波浪纹，原则上禁止使用施工单位取芯机。

2．选取砼强度龄期到期的隧道和部位进行抽检，二衬、仰拱混凝土龄期够90 d。

3．取芯前，检测单位收集取芯部位的施工单位自检报告、第三方检测报告，核查督查方案要求的红线问题库。发现有检测不合格的情况，检测小组另选具备条件的部位。取芯工作开始后，检测小组不再接收任何单位提供的检测报告（标准试件报告、回弹强度报告）。

4．二衬取芯位置为同一板施工的同一侧边墙，取芯两组。具体位置为两侧施工缝处向大里程和小里程方向各1 m处左右，高度以操作人员方便取芯为宜。每组芯样取芯机固定3次位置，每次位置间隔50 cm左右，纵向取3个芯样为一组。

5．仰拱取芯1组，尽量选择无钢筋段落，钻取2孔取一组抗压强度试件（一组3块），1个孔距边墙1～2 m，另1个孔距边墙2 m（如1孔能取3块试样，钻1孔），同时检查仰拱厚度及隧底质量。检测单位仔细检查取出芯样的外观质量（是否有裂缝、芯样中如有钢筋是否符合规定要求），确保室内能加工成标准试件（如发现芯样完好，但室内不能加工成标准芯样，对检测单位进行处理）。当存在施工单位将试检范围内的每板砼强度都钻芯检测，均判定为不合格或大部分判为不合格的极端情况时，检测组可请示督查组组长后，随机选择位置或更换隧道取样。

6．砼强度试件要防止被"调包"，试件不要离开检测组视线，取样过程不让施工、监理、建设单位人员参与，监督人员要见证芯样从工程实体上取出到芯样密封、装箱全过程。

7．一组芯样取完后，检测单位对每个芯样进行尺寸测量，并记录。擦干擦净芯样表面，监督人员和检测人员在芯样上签字，监督人员负责进行编号、尺寸标注，并留取每组芯样照片两张（正面一张，背面一张），照片要清晰、尺寸合适，同时检测单位拍摄照片。

8．芯样编号规则：第1小组第1组芯样编号为11/1、11/2、11/3，第2组芯样为12/1、12/2、12/3，第3组（仰拱）芯样为13/1、13/2、13/3；第2小组第1组芯样编号为21/1、21/2、21/3，第2组芯样为22/1、22/2、22/3，第3组（仰拱）芯样为23/1、23/2、23/3；以此类推。因为每个隧道二衬取芯两组，仰拱取芯1组，规定仰拱编号为每检测小组编号的3、6、9等。现场仰拱取芯为1根时，在1根芯样上按照芯样加工后的3个标准试件位置分别标注人员签字及编号；现场仰拱取芯为2根时，在需要加工成两个标准试件的芯样上标注人员签字及编号；在芯样"正面"两端头进行编号（尽量靠近端头部位），在中间部位（切除后抗压的试件）进行签字；在芯样"背面"进行试件长度尺寸标注（仰拱芯样标注每个芯样的总长度），在中间部位（切除后抗压的试件）进行编号。各种标识要使用油性记号笔书写，严禁在后期芯样加工中被损毁。

9．检测组出隧道后，监督人员第一时间将照片发送到监理检测处备案（监督人员不用对照片进行编辑处理）。

10．在取样、运输过程中，要妥善保管好样品，避免磕碰、损伤、丢失等。检测单位提前准备好放置芯样的箱子；芯样密封（包裹无纺布）后及时放入木箱，芯样之间必须填充密实（用土工布、充气垫等）、牢固，严禁芯样之间发生磕碰，造成芯样受损（像保护瓷器一样保护）；夜间或中午停车时，储物箱要贴封条，货车钥匙及时交检测小组长保管，停放在摄像头可视范围内。

11．芯样切割、磨平、尺寸偏差及外观质量检查、抗压操作需安装摄像装置，确保每个芯样的加工、检查、检测过程具有可追溯性（通过监控能确定每组芯样的切割、磨平、尺寸及外观检查、抗压操作的时段）。成箱芯样运到试验室后，直接放入带有摄像装置的切割室，再进行拆箱、分组、切割。切割前检测单位按照现场拍摄的照片核实芯样是否与现场所取芯样一致，如发现不一致的情况，不要对问题芯样进行切割，并第一时间反馈到监理检测处。同时检测单位拍摄每组芯样照片两张（正面一张，背面一张），照片要拍得清晰、尺寸合适，照片及时发送到监理检测处备案。加工时要关注芯样的平整度、垂直度[《铁路工程结构混凝土强度检测规程》（TB 10426—2019）]，个别芯样平整度达不到要求时，可以修补，但严禁采用大面积修补方式（以磨平方式为主）。检测单位要留存好芯样切割完的端头部位。

12．检测单位和监督人员（监理检测处1人、监督站1名监督人员）同时记录检测结果（监督人员派1人记录），全程见证试件抗压过程。压力试验机（量程600 kN或1000 kN，精度1级）具有数据存储功能。抗压前检测单位提前将芯样按顺序摆好，监督人员对照照片逐个复核芯样的完整性（编号、尺寸、签字、颜色），并对芯样的平整度、垂直度进行检查，将切除后的端头和中间芯样部位组合后进行拍照，每组芯样拍照两张（正面一张，背面一张），照片要清晰、尺寸合适，及时发送到监理检测处备案。如发现芯样存在问题，监督人员须及时上报监理检测处，对检测单位进行严厉处罚。检测单位试验人员严格按照规范要求按编号顺序进行砼芯样抗压试验，保证加载速率。

13．试件压完后，监督人员和检测单位现场整理检测数据，并签认混凝土抗压强度检测结果汇总表，由监督人员带回工程监督局，同时一并将现场检测或取样签认表、第三方检测抽查现场签认表、检测工作量现场确认表、督查工作人员承诺书原件带回工程监督局（不得邮寄），检测单位可留存复印件。第三方检测单位检查台账、隧道工程实体质量检测时间及部位台账、检测工作小结以电子版形式发监理检测处。

3.3.2　隧道二衬无损检测

1．关注检测架的牢固性，检测人员注意安全，确保检测工作顺利。

2．检测隧道确定原则：一是尽量选择已完成第三方检测的隧道或段落（第三方检测未发现问题或问题较少的），以便对第三方检测工作情况进行对比核查（注意收集第三方检测报告）；二是尽量选择设计中围岩级别变化频繁、破碎地段或施工过程中出现过塌方的段落。

3．无损检测里程位置必须核实准确，应选择相对固定的参照物（如隧道洞口、避车洞等）进行锁定，并用油漆、膨胀螺栓及签字等方式做好标记。

4．检测单位先收集被检段落设计参数表（盖章、签字）及相关变更设计文件、施工单位自检报告、第三方检测报告，核查督查方案要求的红线问题库。开始检测后，不再接收任何单位提供的报告、变更设计等资料。

5．做好介电常数或电磁波速现场标定工作，可在洞口及其他未破损工程实体的合适位置进行标定。

6．无损检测发现隧道衬砌厚度不足、背后脱空问题时，对小于设计厚度75%且未纳入建设单位红线问题库的部位，必须以破检的手段，查实问题部位和影响范围，查清是否存在故意遮挡的情形，量测衬砌厚度不足、背后脱空尺寸。对其他有争议的检测事项也尽量实地验证。检测小组长或检测单位要亲自盯控，同时留取好相关影像资料，并让相关责任单位对问题进行签认。

7．检测单位要第一时间把无损检测原始波形图传回本部，检测小组长要在24 h内收集无损检测原始波形图，现场检测结束后提交监理检测处统一保存。

8．每抽检隧道检测100 m，布设5条测线，拱顶正中央1条，双线隧道拱顶正中央向两侧各3 m分别布置1条，单线隧道拱顶正中央向两侧各1.5 m分别布置1条，左右边墙各布置1条，边墙检测具体位置以方便人员操作为宜。

▶ 3.4　路基、桥梁工程基桩完整性，钢结构焊缝

1．受检桩桩身混凝土强度不低于设计强度的70%且桩身强度不低于15 MPa或设计文件要求时进行检测。[《铁路工程基桩检测技术规程》（TB 10218—2019）]

2．收集相关设计参数（盖章）、施工单位自检报告（如有）、第三方检测报告，核查督查方案要求的红线问题库。检测开始后，检测小组不再接收任何单位提供的报告、变更设计等资料。

3．基桩完整性、钢结构焊缝无损检测原始波形图按照隧道无损检测原始波形图反馈程序执行。

4．桥梁、路基基桩无损检测对桩身完整性质量判定为Ⅲ、Ⅳ类桩的，要组织取芯检测进行验证。

第四章 数据处理流程

▶4.1 现场记录

现场纪录相关要求及介绍见图4-1、图4-2、图4-3、图4-4。

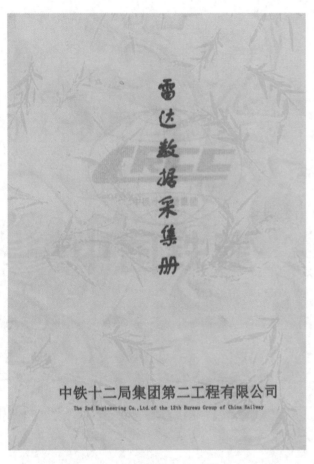

图4-1 现场记录手册

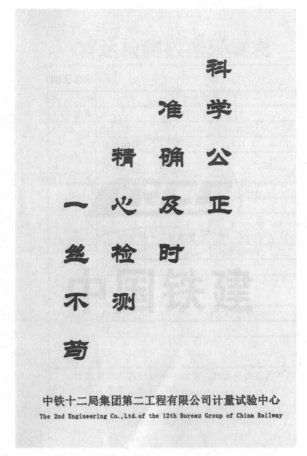

图4-2 现场记录要求

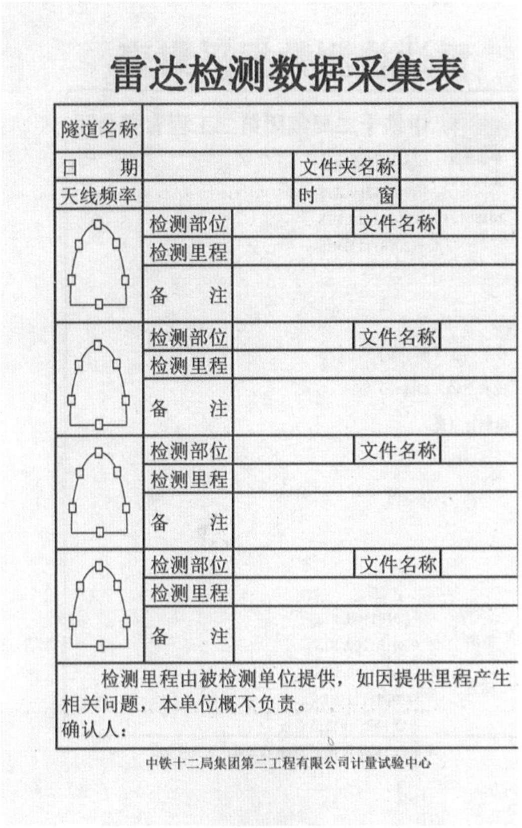

雷达检测数据采集表

隧道名称			
日　期		文件夹名称	
天线频率		时　窗	
检测部位		文件名称	
检测里程			
备　注			
检测部位		文件名称	
检测里程			
备　注			
检测部位		文件名称	
检测里程			
备　注			
检测部位		文件名称	
检测里程			
备　注			

检测里程由被检测单位提供，如因提供里程产生相关问题，本单位概不负责。
确认人：

中铁十二局集团第二工程有限公司计量试验中心

图4-3　现场记录模板

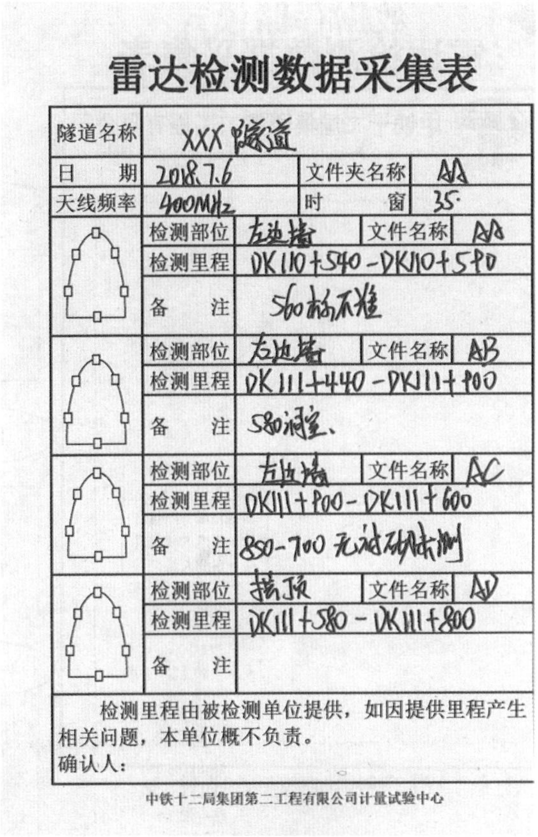

雷达检测数据采集表

隧道名称	XXX隧道		
日　期	2018.7.6	文件夹名称	AA
天线频率	400MHz	时　窗	35
检测部位	左边墙	文件名称	AA
检测里程	DK110+540-DK110+580		
备　注	560标不准		
检测部位	左边墙	文件名称	AB
检测里程	DK111+440-DK111+800		
备　注	580洞室		
检测部位	左边墙	文件名称	AC
检测里程	DK111+800-DK111+600		
备　注	850-700无法检测		
检测部位	拱顶	文件名称	AD
检测里程	DK111+580-DK111+800		
备　注			

检测里程由被检测单位提供，如因提供里程产生相关问题，本单位概不负责。
确认人：

中铁十二局集团第二工程有限公司计量试验中心

图4-4　现场记录内容

隧道名称：填写隧道全称，如有分段，具体到斜井或横洞。

日期：现场雷达检测采集数据日期。

文件夹名称：按照“年份+月+日”的格式存储（意大利雷达仪器IDS、美国GSSI或其他仪器）。如不满足此项条件，当天数据采集完成后，将原始数据导出至此文件夹，以便管理。

天线频率：检测某条测线时，所使用的测量天线频率。

时窗：选定天线频率后，按照经验或检测需求，填写的时窗数据。

检测部位：按照标准检测时，检测部位分为拱顶、（左、右侧）拱腰、（左、右侧）边墙、（左、右侧）仰拱；现场实际检测时，增加测线也应统一命名，如拱顶左侧、拱顶右侧等。

文件名称：现场雷达检测采集数据时，雷达采集系统自动生成的原始文件名称。如“190104AA”“190104AB”或者“001”“002”等。

检测里程：此检测文件所代表的里程，现场应提前在隧道或其他需检测部位按照图纸标注里程，要求每10 m或5 m，在隧道两侧对应位置标注准确里程。记录时，按照每次的起点里程至终点里程记录。

备注：现场检测时，遇到停顿或障碍时，文件可不停顿，继续检测，须记录停顿里程或次数，以便处理文件时需要；检测边墙时，遇到洞室也可不停顿，正常按里程打标继续检测，备注洞室里程即可。其他突发状况，则需要记录。

画图：以面向大里程方向为准，检测哪一侧的测线就在图上对应部位标记。应注意，图上显示的部位仅代表前进方向的左右侧，不对应隧道相应部位。

▶4.2 数据存储模式

数据存储流程见图4-5。

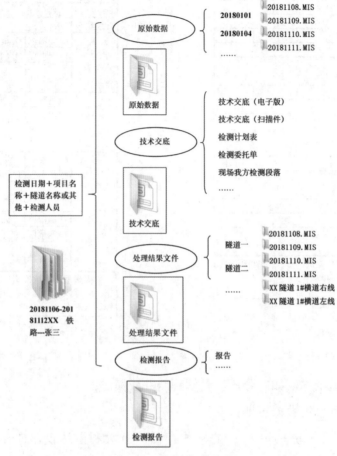

图4-5 数据存储流程

4.2.1 雷达数据存储

一级目录：检测日期+项目名称+隧道名称或其他+检测人员姓名。

二级目录：包括"原始数据""处理结果文件""技术交底""检测报告"四部分。存储时此四部分文件存储至对应一级目录中。

三级目录：二级目录内包含具体文件或三级目录内容。

4.2.2 原始数据

现场采集的雷达数据原始文件，不允许任何数据处理或更改，从仪器中导出至文件夹后直接存储、备用；包括现场检测时的记录扫描件或照片。

4.2.3 处理结果文件

将原始文件复制一份至目录下，进行数据处理之后，所得的可直接进行数据分析的文件。数据分析之前，将结果文件按照隧道名称单独存档，以便分析数据。

4.2.4　技术交底

由现场施工单位提供的技术交底文件，要求对所检测施工部位的混凝土龄期、厚度等和钢筋、拱架等情况提供详细说明或数据。交底文件需有施工单位负责人签字，并覆盖公章。检测计划表和检测委托单为正式检测之前，由相关技术部门统计并提供，要求内容与现场相符，并有负责人签字、盖章。现场无法检测段落相关资料：如现场某段落或某部位无法满足检测要求，现场技术人员应以文件形式证明该段落或部位不能检测的相关报告或说明，要求相关报告或说明电子版保存至此目录，纸质版需相关负责人签字并盖章，交由检测人员带回试验室存档备查。

4.2.5　检测报告

经数据分析后，将所得结果汇总统计后，形成正式报告，纸质版签字、盖章、发放并归档。

▌▶4.3　报告样板

4.3.1　说明

报告样板说明见图4-6。

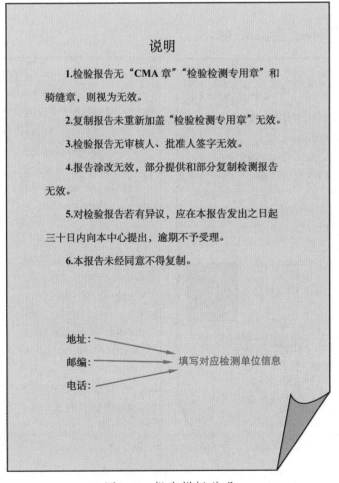

图4-6　报告样板说明

4.3.2 目录

报告目录样式见图4-7。

目录

图4-7　报告目录格式

4.3.3 报告内容

报告内容见图4-8、图4-9、图4-10、图4-11。

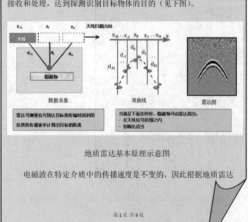

一、前言

受 xx 项目部的委托，xx 公司承接了 xx 隧道衬砌雷达检测任务。

二、检测技术与检测项目和检测设备

1.地质雷达工作原理与方法

地质雷达由主机、天线和配套软件等几部分组成，根据电磁波在有耗介质中的传播特性，发射天线向被测介质发射高频脉冲电磁波，当其遇到不均匀体(界面)时会反射一部分电磁波，其反射系数主要取决于被测介质的介电常数，雷达主机通过对此部分的反射波进行适时接收和处理，达到探测识别目标物体的目的（见下图）。

地质雷达基本原理示意图

电磁波在特定介质中的传播速度是不变的，因此根据地质雷达

第1页 共9页

记录的电磁波传播时间ΔT，即可据下式算出异常介质的埋藏深度H：

$$H = V \bullet \Delta T / 2$$

式中：V 是电磁波在介质中的传播速度，其大小由下式表示：

$$V = C / \sqrt{\varepsilon}$$

式中：C 是电磁波在大气中的传播速度，约为 3.0×10^8 m/s；

ε 为相对介电常数，不同的介质其介电常数亦不同。

雷达反射信号的振幅与反射系统成正比，在以位移电流为主的低损耗介质中，反射系数可表示为

$$r = \frac{\sqrt{\varepsilon_1} - \sqrt{\varepsilon_2}}{\sqrt{\varepsilon_1} + \sqrt{\varepsilon_2}}$$

反射信号的强度主要取决于上、下层介质的电性差异，电性差越大，反射信号越强。

雷达波的穿透深度主要取决于地下介质的电性和波的频率。电导率越高，穿透深度越小；频率越高，穿透深度越小。

2.混凝土衬砌质量检测项目

衬砌厚度、内部缺陷、混凝土与围岩接触面空洞、钢筋、拱架位置。

3.使用仪器设备

本次检测，使用仪器为青岛电波所 LTD-2600，天线采用 900 MHz 天线，满足检测要求。

第2页 共9页

图4-8　地质雷达工作原理　　　　图4-9　地质雷达检测项目及使用设备

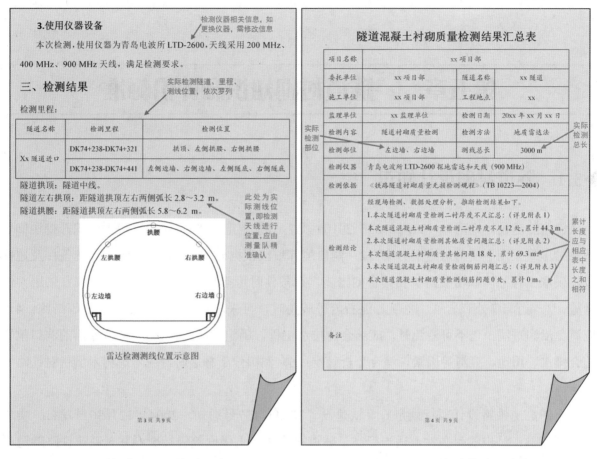

图4-10　检测里程及检测示意图　　图4-11　检测结果汇总表

4.3.4 附图

支护参数表见图4-12。

××隧道进口设计参数

项目名称：××公司××铁路项目经理部　　　　　日期：×年×月×日

序号	里程	衬砌类别	初期支护		衬砌					龄期/d
			钢架间距/cm	喷砼厚度/cm	仰拱厚度/cm	实际填充厚度/cm	仰拱环向钢筋间距/cm	二衬厚度/cm	二衬环向钢筋间距/cm	
1	DK23+380-DK23+420	Vb	60	27	50	85	20	50	20	

注：检测里程段落：DK113+000-DK113+005左边墙设计有洞室，DK113+050-DK113+055右侧设计有锚固段

制表人：　　　　　　项目总工程师：　　　　　　单位（章）：

图4-12　支护参数表

041

第五章　隧道衬砌知识和评价标准

▶5.1　隧道衬砌设计知识

《铁路隧道设计规范》（TB 10003—2016）第7.1.1条规定："1.洞口不应大面积开挖边仰坡，有条件时尽量采用不刷仰坡进洞方案；2.洞口边仰坡应根据岩(土)性质、气候、水文条件及边仰坡高度，采取工程加固和植被防护相结合的措施，有条件时可接长明洞；地震区边仰坡宜采用柔性防护措施；3.当洞口处有岩堆、落石、泥石流等威胁时，可采取接长明洞或设置渡槽等措施；4.线路应避免沿沟进洞，当不可避免时，应结合防排水工程，确定洞口位置；5.漫坡地形的洞口位置，应结合排水、用地、弃渣等因素，综合分析确定；6.洞口位于林区时，应考虑树木倒伏对铁路安全的影响。"

《京沪高速铁路设计暂行规定》（铁建设〔2004〕157号通知，2004年12月30日发布、实施）中，为保证隧道结构的耐久性，适当提高了隧道衬砌混凝土强度等级标准，并对高速铁路隧道衬砌做出了以下修订：

1.应优先采用复合式衬砌，不得采用喷锚衬砌。

2.隧道均应采用曲墙式衬砌，其中边墙与仰拱内轮廓的连接宜采用顺接断面。

3.Ⅲ～Ⅵ级围岩应采用曲墙带仰拱的衬砌，Ⅰ、Ⅱ级围岩地段可采用曲墙式加底板衬砌。

4.各级围岩隧道衬砌结构混凝土强度等级不应低于C25，钢筋混凝土强度等级不应低于C30。

5.仰拱填充混凝土强度等级不应低于C25。Ⅰ、Ⅱ级围岩隧道衬砌结构底板厚度，双线隧道不应小于30 cm，单线隧道断面不应小于25 cm，混凝土强度等级不应低于C30，并应配置钢筋。仰拱与仰拱填充混凝土应分开施工。

6.采用复合式衬砌隧道，初期支护与二次衬砌之间应铺设防水板，防水板厚度不得小于1.2 mm。后期施作的隧道洞内埋设件，埋设深度应以不穿透二次衬砌为原则，以保护防水板。

复合式衬砌是指外层用喷锚作初期支护，内层用模筑混凝土作二次衬砌的永久结构。复合式衬砌中喷锚支护是柔性结构，充分利用围岩的自承能力和围岩密贴，共同变形。喷锚支护作为初期支护（当然也作临时支护用），和二次模筑混凝土都是永久结构受力的部分，且在设计上认为，复合式衬砌中的初期支护是受力的主要部分，承担了结构受力的70%～80%。

喷锚衬砌是指以喷锚支护作永久性衬砌的通称，喷锚支护作为永久结构。在《铁路隧道设计规范》中，围岩分为Ⅰ～Ⅵ级。在表5-1中，综合考虑了岩石坚硬程度、岩体完整程度与围岩基本分级的关系。

表5-1　铁路隧道围岩基本分级

级别	围岩主要工程地质条件		围岩开挖后的稳定状态（单线）	围岩弹性波速 $v_p/$（km/s）
	主要工程地质特征	结构特征和完整状态		
I	硬质岩石（饱和极限抗压强度 R_b >60 MPa）：受地质构造影响轻微，节理不发育，无软弱面（或夹层）；层状岩层为厚层，层间结合良好	呈巨块状整体结构	围岩稳定，无坍塌，可能产生岩爆	>4.5
II	硬质岩石（R_b >30 MPa）：受地质构造影响较重，节理较发育，有少量软弱面（或夹层）和贯通微张节理，但其产状及组合关系不致产生滑动；层状岩层为中层或厚层，层间结合一般，很少有分离现象；或为硬质岩石偶夹软质岩石	呈大块状砌体结构	暴露时间长，可能会出现局部小坍塌，侧壁稳定，层间结合差的平缓岩层，顶板易塌落	3.5～4.5
	软质岩石（R_b≈30 MPa）：受地质构造影响轻微，节理不发育；层状岩层为厚层，层间结合良好	呈巨块状整体结构		
III	硬质岩石（R_b >30 MPa）：受地质构造影响较重，节理发育，有层状软弱面（或夹层），但其产状及组合关系尚不致产生滑动；层状岩层为薄层或中层，层间结合差，多有分离现象；或为硬、软质岩石互层	呈块（石）碎（石）状镶嵌结构	拱部无支护时可产生小坍塌，侧壁基本稳定，爆破震动过大易坍塌	2.5～4.0
	软质岩石（5 MPa<R_b≤30 MPa）：受地质构造影响较重，节理发育；层状岩层为薄层、中层或厚层	呈大块状砌体结构		
IV	硬质岩石（R_b >30 MPa）：受地质构造影响严重，节理很发育；层状软弱面（或夹层）已基本被破坏	呈碎石状压碎结构	拱部无支护时可产生较大的坍塌，侧壁有时失去稳定	1.5～3.0
	软质岩石（5 MPa<R_b≤30 MPa）：受地质构造影响较重，节理发育	呈块（石）碎（石）状镶嵌结构		
	土：1. 略具压密或成岩作用的黏性土及砂类土 2. 黄土（Q_1、Q_2） 3. 一般钙质或铁质胶结的碎、卵石土；大块石土	1、2呈大块状压密结构；3呈巨块状整体结构		
V	石质围岩位于挤压强烈的断裂带内，裂隙杂乱，呈石夹土或土夹石状	呈角（砾）碎（石）状松散结构	围岩易坍塌，处理不当会出现大坍塌，侧壁经常小坍塌，浅埋时易出现地表下沉（陷）或坍塌至地表	1.0～2.0
	一般第四系的半干硬至硬塑的黏性土及稍湿至潮湿的碎、卵石土，圆砾、角砾土及黄土（Q_3、Q_4）	呈松散或松软状		
VI	石质围岩位于挤压极强烈的断裂带内，呈角砾、砂、泥松软体	呈松软状	围岩极易坍塌变形，有水时土、砂常与水一齐涌出，浅埋时易坍塌至地表	<1.0（饱和状态的土<1.5）
	软塑状黏性土及潮湿的粉细砂等	黏性土易蠕动，砂性土潮湿松散		

注：层状岩层的层厚划分标准为：厚层>0.5 m，中厚层0.1～0.5 m，薄层<0.1 m。

　　根据隧道内围岩基本分级，设计上采用不同的支护方式和衬砌类型。表5-2至表5-5所列是铁路隧道衬砌设计的执行标准。

表5-2　预留变形量（mm）

围岩级别	单线隧道	双线隧道
II	—	10～30
III	10～30	30～50
IV	30～50	50～80
V	50～80	80～120
VI	由设计确定	由设计确定

注：1. 深埋、软岩隧道取大值，浅埋、硬岩隧道取小值；2. 有明显流变、原岩应力较大和膨胀性围岩，应根据量测数据反馈分析确定。

表5-3　单线隧道复合式衬砌的设计参数

围岩级别	初期支护						二次衬砌厚度/cm		
	喷射混凝土厚度/cm		锚杆			钢筋网/cm	钢架	拱、墙	仰拱
	拱、墙	仰拱	位置	长度/m	间距/m				
Ⅱ	5	—	—	—	—	—	—	25	—
Ⅲ	7	—	局部设置	2.0	1.2~1.5	—	—	25	—
Ⅳ	10	—	拱、墙	2.0~2.5	1.0~1.2	必要时设置：25×25	—	30	40
Ⅴ	15~22	15~22	拱、墙	2.5~3.0	0.8~1.0	拱、墙、仰拱：20×20	必要时设置	35	40
Ⅵ	通过试验确定								

表5-4　双线隧道复合式衬砌的设计参数

围岩级别	初期支护						二次衬砌厚度/cm		
	喷射混凝土厚度/cm		锚杆			钢筋网/cm	钢架	拱、墙	仰拱
	拱、墙	仰拱	位置	长度/m	间距/m				
Ⅱ	5~8	—	局部设置	2.0~2.5	1.5	—	—	30	—
Ⅲ	8~10	—	拱、墙	2.0~2.5	1.2~1.5	必要时设置：25×25	—	35	45
Ⅳ	15~22	15~22	拱、墙	2.5~3.0	1.0~1.2	拱、墙、仰拱：25×25	必要时设置	40	45
Ⅴ	20~25	20~25	拱、墙	3.0~3.5	0.8~1.0	拱、墙、仰拱：20×20	拱、墙、仰拱	45	45
Ⅵ	通过试验确定								

注：1. 采用钢架时，宜选用格栅钢架，钢架设置间距宜为0.5~1.5 m；2. 对于Ⅳ、Ⅴ级围岩，可视情况采用钢筋束支护，喷射混凝土厚度可取小值；3. 钢架与围岩之间的喷射混凝土保护层厚度不应小于4 cm，临空一侧的混凝土保护层厚度不应小于3 cm。

表5-5　喷锚衬砌的设计参数

围岩级别	单线隧道	双线隧道
Ⅰ	喷射混凝土厚度5 cm	喷射混凝土厚度8 cm，必要时设置锚杆，锚杆长1.5~2.0 m，间距1.2~1.5 m
Ⅱ	喷射混凝土厚度8 cm，必要时设置锚杆，锚杆长1.5~2.0 m，间距1.2~1.5 m	喷射混凝土厚度10 cm，锚杆长2.0~2.5 m，间距1.0~1.2 m，必要时设置局部钢筋网

注：1. 边墙喷射混凝土厚度可略低于表列数值，当边墙围岩稳定，可不设置锚杆和钢筋网；2. 钢筋网的网格间距宜为15~30 cm，钢筋网保护层厚度不应小于3 cm。

　　由于隧道衬砌类型的多样化，检测时需要向施工单位搜集被检测隧道的衬砌断面图，作为资料解释的依据。

　　图5-1和图5-2分别是Ⅲ级围岩和Ⅴ级围岩的一种设计断面图。

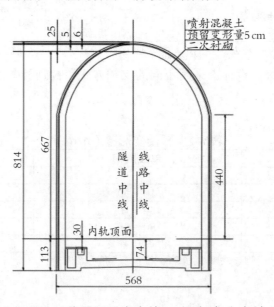

图5-1　专隧(01)0014-9的Ⅲ级围岩直墙(双侧沟)复合式衬砌断面（cm）

专隧(01)0014-9设计图的参数为：初期支护喷射混凝土6 cm，预留变形量5 cm，二次衬砌25 cm，隧道铺底33 cm。

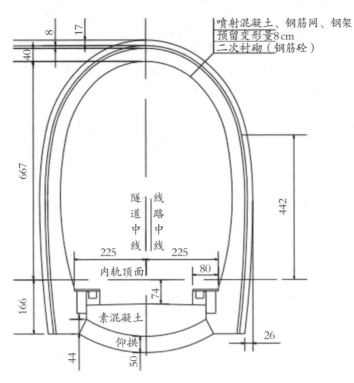

喷射混凝土、钢筋网、钢架
预留变形量8 cm
二次衬砌（钢筋砼）

图5-2 专隧(01)0014-13的V级围岩曲墙(双侧沟)复合式衬砌断面（cm）

专隧(01)0014-13设计图的参数为：初期支护喷射混凝土17 cm，含钢筋网和钢架；预留变形量8 cm；二次衬砌拱顶40 cm，其他位置混凝土厚度需要计算；隧道仰拱50 cm，上面填充素混凝土最厚处92 cm。

隧道分部工程、分项工程设计要求：

在隧道分部工程、分项工程设计要求中，对隧道的开挖、支护和衬砌有明确的要求，严格控制了超挖、欠挖的尺寸和面积，以及对出现问题的处理办法。表5-6列出了与隧道衬砌检测有关的几项内容。

表5-6 隧道分部工程、分项工程设计要求（部分）

分部工程	分项工程	设计要求
洞口工程	开挖	开挖范围及尺寸，（端墙、翼墙、挡土墙）基底地基承载力
洞身开挖	洞身开挖	欠挖：隧道不应欠挖。当围岩完整、石质坚硬时，方允许岩石个别突出部分（每 $1\,m^2$ 不大于 $0.1\,m^2$）侵入衬砌，整体式衬砌应小于10 cm，其他衬砌不应大于5 cm。拱脚和墙脚以上1 m内断面严禁欠挖。 超挖：隧道开挖断面允许超挖值应符合下表的规定： 表格见下 注： ①平均线性超挖值=超挖横断面积/爆破设计开挖断面周长（不包括隧底）； ②最大超挖值：指最大超挖处至设计开挖轮廓切线距离； ③炮眼深度大于3 m时，允许超挖值可根据实际情况另行规定
	隧底开挖	隧底开挖底部高程应符合设计要求。隧底范围岩石局部突起每平方米内不应大于 $0.1\,m^2$，侵入断面不大于5 cm。隧底轮廓符合设计要求，隧底允许最大平均超挖值为10 cm
支护	喷射混凝土	锚杆规格、安装数量、锚杆孔灌注效果
	锚杆	规格、数量、结构尺寸达到设计要求
	钢筋网	规格、数量、结构尺寸达到设计要求
	钢架	隧道衬砌厚度和超挖回填必须符合设计要求。墙脚以上1 m范围内超挖部分应采用同级混凝土回填
衬砌	混凝土	隧道衬砌厚度和超挖回填必须符合设计要求。墙脚以上1 m范围内超挖部分应采用同级混凝土回填
	喷射混凝土	喷射混凝土强度必须符合设计要求。混凝土的厚度应符合下列要求：平均厚度大于设计厚度；检查点数的60%及以上大于设计厚度；最小厚度不小于设计厚度的1/2，且不小于3 cm
	底板	底板厚度应符合设计要求。施作底板混凝土前应清除隧底虚碴、杂物和积水，当底板有超挖时，超挖部分必须按设计要求及时回填
	仰拱 仰拱充填	仰拱厚度及各部尺寸应符合设计要求。施作仰拱混凝土前应清除隧底虚碴、杂物和积水，超挖部分应采用同级混凝土回填
	回填注浆	采用无损检测、钻芯、压水等验证注浆回填密实情况

超挖表：

围岩级别 开挖部位	I	II、III、IV	V、VI
拱部	平均线性超挖10 cm 最大超挖值20 cm	平均线性超挖15 cm 最大超挖值25 cm	平均线性超挖10 cm 最大超挖值15 cm
边墙	平均10 cm	平均10 cm	平均10 cm

5.2 掘进方式和衬砌工艺对衬砌质量的影响

5.2.1 铁路隧道的掘进方式

隧道掘进方式一般有整体掘进（TBM隧道掘进机）和钻爆法掘进，铁路隧道最常用的掘进方式是钻爆法。钻爆法掘进采取分部开挖方式，分台阶或全断面开挖，掘进过程中采用爆破施工，通过光面爆破控制洞身尺寸。

光面爆破（简称光爆）是现阶段铁路隧道广泛采用的开挖方式。先爆除主体开挖部分的岩体，然后再起爆布置在设计轮廓线上的周边孔药包，将光爆层炸除，形成一个平整的开挖面。

通过岩壁上的炮孔痕迹率（也称半孔率）和围岩壁面不平整度（也称起伏差，允许值±15 cm）来评价其质量控制效果。

图5-3所示是光爆质量好的一个隧道段落，照片中炮孔半孔率高，壁面平整，没有超挖、欠挖现象，隧道洞身尺寸规则。

（a）　　　　　　　　　　　　　　　　（b）

图5-3　光爆质量好的隧道

如果炸药量和孔位控制不好，光爆效果差，超挖、欠挖现象频繁出现，会造成隧道断面出现锯齿状的起伏，需要在初期支护时采用同级喷射混凝土喷平。

5.2.2　隧道衬砌施工工艺对衬砌质量的影响

目前常见的衬砌台车有拼装模板台车和整体模板台车。

1. 拼装模板台车

一般用于长度小于1000 m的隧道。拼装模板台车长7.2 m，模板尺寸为1.2 m×0.3 m，采用人工输送混凝土或泵送混凝土方式，先墙后拱，边衬砌边振捣，一般30 cm振捣一次。振捣质量靠人为控制，容易造成脱空。由于短小隧道围岩级别相对较差，加之施工时间短造成光爆经验欠缺，隧道的光爆效果一般难以控制，容易出现超挖、欠挖现象，如图5-4所示。

2. 整体模板台车

一般用于长度超过1000 m的隧道。整体模板台车长9 m或12 m，衬砌采用高压泵输送混凝土方式，先墙后拱，分层振捣，一般每50 cm振捣一次，在边墙、拱脚和拱顶设置振捣孔。由于台车本身有自振系统，衬砌混凝土能够振捣密实，只是在拱顶部位，由于混凝土收缩容易出现脱空，但空隙一般小于5 cm。长、大隧道一般光爆效果好，较少出现超挖、欠挖的现象，如图5-5所示。

图5-4 拼装模板台车

图5-5 整体模板台车

▶5.3 隧道常见质量通病和处理措施

隧道施工过程中，超挖、欠挖、渗水等质量问题一直难以彻底根除，这是隧道常见的质量通病，需要在隧道施工期间进行治理；同时，检测质量通病和评价治理效果也是地质雷达检测的一项主要内容。表5-7列出了施工阶段质量通病中与检测有关的几项内容。

表5-7 隧道常见质量通病、产生原因和处理措施

序号	质量通病	产生原因	处理措施
1	开挖轮廓不好，超欠挖严重	1. 没有根据围岩变化及时调整爆破参数。 2. 周边炮眼位置不准确，外插角偏大或不一致	1. 根据围岩情况进行爆破设计，并根据围岩变化及时调整爆破参数。 2. 炮眼定位要准确，周边炮眼应平直、平行，数量应合适。 3. 软弱围岩边墙宜采用预裂爆破，拱部宜采用光面爆破，并预留沉落量。 4. 控制超欠挖，欠挖应凿除，超挖部分应在初砌的同时用同级砼回填
2	偏压隧道初期支护开裂甚至发生位移，侵入限界	1. 施工前未对地质、地形进行认真调查分析，对偏压认识不足。 2. 未对偏压进行预处理，盲目进洞。 3. 未对地表裂隙进行封闭防水处理	1. 施工前应对地质、地形进行充分调查分析，了解偏压力的大小并制定相应的措施。 2. 做好地表的防水、排水工作。 3. 提高对偏压隧道的认识，切忌盲目进洞、追求进度
3	断层、破碎带坍塌	1. 未进行超前地质预报，对断层破碎带未做预处理。 2. 未及时改变开挖及支护方法，盲目追求进度	加强超前地质预报，及时分析断层的特征，制定相应对策，如改变开挖方法、支护方法，调整爆破参数，增加超前预支护等，防止坍塌

待续

续表

序号	质量通病	产生原因	处理措施
4	衬砌渗水、漏水	1. 衬砌开裂。 2. 防水、排水、引水设施不完善。 3. 环保施工缝、变形缝处理有质量缺陷，止水条、止水带安设不规范。 4. 防水板破损、穿孔、焊缝不严密。 5. 衬砌砼捣固不密实，存在孔洞或蜂窝。 6. 防水材料不合格	1. 严格按设计和规范要求对防、排水工程实施质量监控。 2. 铺设防水板前应对基面钢筋头、尖锐突出物进行清理，基面基本找平；防水板铺设应适当留有松弛度，防止浇注砼时挤裂；防水板焊接要牢固，并对焊缝进行充气检查，确保质量达标。钢筋绑扎、焊接时应对防水板进行保护，发现破损及时修补。 3. 加强防水材料质量控制，确保各项指标符合规范要求。 4. 严格按施工规范处理施工缝。加强初砌浇筑过程控制。 5. 加强变形缝、施工缝防水工程质量控制，衬砌端头砼中部应预留1/2止水条厚度的凹槽，确保止水条在施工缝的中间；变形缝止水带安装必须使用定位筋固定。 6. 因地制宜地采取附加排水措施（暗沟、盲沟）。 7. 必要时对洞身地层、衬砌背后实施防水或注浆处理
5	拱脚、墙脚以上1 m范围内的超挖回填材料使用不当	未采用与初砌同级的混凝土回填，有的采用浆砌片石甚至采用干砌片石	加强监理旁站，对拱、墙脚1 m范围内的超挖必须采用同级混凝土回填
6	初期支护或二次衬砌背后存在空洞	1. 对超挖未按施工规范进行回填。 2. 衬砌时灌注砼不饱满，振捣不够。 3. 泵送砼在输送管口远端由于压力损失、坡度等因素造成空洞	1. 加强质量意识教育，加大监理旁站力度，确保监控到位。 2. 严格按施工规范对超挖部分实施背后回填（同级砼、浆砌片石回填并注浆）。 3. 尽可能控制好隧道超挖量。 4. 衬砌时拱顶设溢浆管，检查拱顶砼的饱满度。 5. 适当增加拱部砼灌注口，保证砼灌注饱满、密实
7	支护和初砌厚度不足	1. 承包人质量管理不严，监理监控不到位。 2. 开挖断面偏小或预留沉落量不足，为满足净空而减少支护和衬砌厚度。 3. 对欠挖部分未作处理	1. 加强开挖净空检查，严格按设计和规范预留沉落量。 2. 加强初期支护和初砌过程旁站监理。 3. 对欠挖部分严格按规范要求进行处理，达标后方可初支或实砌。 4. 适时开孔检查支护和衬砌厚度，对衬砌厚度不足部分应开天窗，凿除欠挖部分围岩，用同级砼回填或注浆回填
8	初砌砼开裂	1. 温差和砼干缩。 2. 碱性骨料化学反应。 3. 边墙基础下沉。 4. 洞身偏压。 5. 仰拱与边墙结合部位因应力集中而开裂。 6. 拱部砼灌中断而引起开裂。 7. 拆模时间太早，衬砌砼强度不足以支撑自身重量而开裂	1. 砼加入合理的外加剂，选择合适的骨料。 2. 采取隔离措施，减少初期支护对二衬的约束。 3. 改进砼浇筑工艺，加强振捣和养护。 4. 在易开裂部位植筋。 5. 放慢边墙砼灌注速度，并分段分层灌注，待边墙稳定后再浇筑拱部砼。 6. 必要时对围岩实施剿车杆、注浆等措施预加固，以防止围岩蠕变过大而使衬砌砼受力，导致开裂。 7. 边墙基础浮碴必须清理干净，使边墙底部与隧底紧密结合。 8. 结构交叉部位（如避车洞、横洞）应做加强处理，防止因应力集中而引起开裂。 9. 控制拆模时间：对不受围岩应力的衬砌，砼的强度达到2.5 MPa，承受围岩应力较小的应达到砼设计强度的70%，对承受围岩应力的砼应达到设计强度的100%方可拆模。 10. 偏压隧道应对偏压进行预处理后再实施衬砌

▶5.4 铁路运营隧道安全等级评定标准

隧道质量缺陷发展到隧道病害，并对铁路运营造成影响，需要一定的时间和环境，因此，现阶段对于新建隧道质量缺陷的严重程度尚没有统一的规定。运营隧道检测质量评价主要依据以下两个标准。

5.4.1 《铁路桥隧建筑物劣化评定标准 隧道》的内容

对于运营隧道，在铁道部1997年的推广标准《铁路桥隧建筑物劣化评定标准 隧道》（TB/T 2820.2—1997）中，根据不同病害的发育程度和对运营造成的影响，将隧道劣化、裂损以及各种病害按照发展程度划分为 A、B、C、D四个等级。表5-8至表5-17列出了隧道劣化、裂损等级评定标准和具体病害内容，供参考。

1. 隧道劣化等级划分

表5-8　隧道劣化等级划分

劣化等级		对结构功能和行车安全的影响	措施
A	AA（极严重）	结构功能严重劣化，危及行车安全	立即采取措施
	A1（严重）	结构功能严重劣化，进一步发展危及行车安全	尽快采取措施
B（较重）		劣化继续发展会升至A级	加强监视，必要时采取措施
C（中等）		影响较小	加强检查，正常维修
D（轻微）		无影响	正常保养及巡检

2. 隧道衬砌裂损评定

表5-9　隧道衬砌裂损类型

衬砌裂损类型		形成原因
变形	横向变形	衬砌由于受力原因而引起拱轴形状的改变，是主要变形
	纵向变形	—
移动	横向移动	衬砌的整体或其中一部分出现转动（倾斜）、平移和下沉（或上抬）等变化。有横向移动和纵向移动之分，对于大多数已经发生裂损的衬砌，两种情况往往同时出现
	纵向移动	
开裂	张裂	弯曲受拉和偏心受拉引起的裂损。裂缝、裂面与应力方向正交，缝宽由表及里逐渐变窄
	压溃	弯曲或偏心受压引起的衬砌裂损，裂缝边缘呈压碎状，严重时受压区表面产生碎片剥落、掉块等现象
	错台	由剪切力引起的裂缝。裂缝宽度在表面与深处大致相同，衬砌在裂缝两侧沿剪切方向有错动，形成错台

表5-10　隧道衬砌裂损评定等级

裂损等级		裂损类型		
		变形或移动	开裂、错台	压溃
A	AA（极严重）	滑坡滑动使衬砌移动加速；衬砌变形、移动、下沉发展迅速，威胁行车安全	开裂或错台长度$L>10$ m，宽度$\delta>5$ mm，且变形继续发展；拱部开裂呈块状，有可能掉落	拱顶压溃范围$S>3$ m²；或衬砌剥落最大厚度大于衬砌厚度的1/4，发生时会危及行车安全
	A1（严重）	变形或移动速率$v>10$ mm/a	开裂或错台长度10 m$\geqslant L \geqslant 5$ m，但宽度$\delta>5$ mm；开裂或错台使衬砌呈块状，在外力作用下有可能崩坍或剥落	压溃范围3 m²$\geqslant S \geqslant 1$ m²，或有可能掉块
B（较重）		变形或移动速度在10 mm/a$\geqslant v \geqslant 3$ mm/a，而且有新的变形出现	开裂或错台长度$L<5$ m且宽度5 mm$\geqslant \delta \geqslant 3$ mm；裂缝有发展，但速度不快	剥落规模较小，但可能对列车造成威胁；拱顶压溃范围$S<1$ m²，剥落块体厚度大于3 cm
C（中等）		有变形，但速率$v<3$ mm/a	开裂或错台长度$L<5$ m且宽度$\delta<3$ mm	压溃范围很小
D（轻微）		有变形，但不发展，而且对使用无影响	一般龟裂或无发展状态	个别地方被压溃

3. 隧道结构渗漏水劣化评定

表5-11　隧道渗漏水类型

渗漏水类型	形成原因
漏水和涌水	隧道围岩的地下水，或洞顶地表水直接地（无衬砌）和间接地（通过衬砌的薄弱环节）以渗、滴、漏、淌、涌等形式进入隧道内所造成的危害，是隧道中最常见的一种病害
衬砌周围积水	隧道建成后，地表水或地下水向隧道周围渗流汇集，如不能及时排走将引起隧道出现病害，称为积水
潜流冲刷	由于地下水渗流和流动对隧道衬砌或围岩产生的冲刷和溶蚀作用而引起的隧道病害
水蚀	围岩中地下水因含有盐类、酸类和碱类等化学成分，对混凝土衬砌起腐蚀作用而形成的病害（水蚀病害）

表5-12　pH值与隧道衬砌腐蚀程度等级

等级		pH值	对混凝土的作用
A	AA（极严重）	—	
	A1（严重）	<4.0	水泥被溶解，混凝土可能会出现崩裂
B（较重）		4.1～5.0	在短时间内混凝土表面凹凸不平
C（中等）		5.1～6.0	混凝土表面容易变酥、起毛
D（轻微）		6.1～7.9	目视混凝土表面有轻微腐蚀现象

表5-13　渗漏水对隧道功能影响程度的评定

漏水或涌水的危害等级		隧道状态
A	AA（极严重）	水突然涌入隧道，淹没轨面，危及行车安全；电力牵引区段，拱部漏水直接传至接触网
	A1（严重）	隧底冒水、拱部滴水成线，严寒地区边墙淌水，造成严重翻浆冒泥、道床下沉，不能保持正常轨道的几何状态，危害正常运行
B（较重）		隧道滴水、淌水、渗水及排水不良引起洞内局部道床翻浆冒泥
C（中等）		漏水使基床状态恶化，钢轨腐蚀，养护周期缩短，继续发展将来会升至B级
D（轻微）		有漏水，但对列车运行及旅客安全无威胁，并且不影响隧道的使用功能

表5-14　隧道冻害类型

冻害类型	形成原因
挂冰	衬砌背后的地下水，从衬砌漏出过程中逐渐冻结，形成挂冰，悬挂的叫冰溜（多发生在拱顶范围），如漏水沿衬砌表面漫流而下，在边墙上形成冰柱或侧冰
冰锥	衬砌漏水落在道床上，逐渐冻结，生成丘状冰锥；如衬砌漏水和涌水沿隧底流淌，逐渐冻结，形成冰漫型冰锥
冰塞	隧道内排水设备如果没有可靠的防冻措施，就可能在某一处先行结冰，逐渐造成堵塞，这种现象称冰塞
冰楔	衬砌背后积水，结冻后体积膨胀，对衬砌产生冰劈作用或冰压力，使之变形破坏，称为冰楔病害
围岩冻胀	隧道围岩具有冻胀性，受冻后自身体积膨胀，压挤衬砌使衬砌变形开裂，使线路春融翻浆，洞门墙、翼墙前倾开裂，洞口边、仰坡冻融坍塌，这些病害称为围岩冻胀病害
衬砌材质冻融破坏	衬砌的孔隙和裂隙被围岩地下水充满，经反复冻融，材质结构遭受破坏作用，变得酥松、酥碎、剥落而破坏。这种病害在蒸汽机车牵引地段的隧道内的拱顶特别严重
衬砌冷缩开裂	隧道衬砌修筑和合拢时的气温一般在0℃以上，修成后遇低温作用，衬砌会产生明显的冷缩环向裂纹，称为衬砌冷缩开裂。一般产生在洞口比较多

表5-15　冻害对隧道功能影响程度的等级评定

冻害等级		隧道状态
A	AA（极严重）	冰溜、冰柱、冰锥等不断发展，侵入限界，危及行车安全；接触网及电力、通信的架线上挂冰，危及行车安全和洞内作业人员安全；道床结冰（丘状冰锥），覆盖轨面，严重影响行车安全
	A1（严重）	避车洞结冰不能使用，严重影响洞内作业人员的安全；冰楔和围岩冻胀的反复作用使衬砌变形、开裂并构成纵横交错的裂缝
B（较重）		冻融使衬砌破坏比较严重，或使道床翻浆冒泥、轨道几何尺寸恶化
C（中等）		冻害造成衬砌变形、开裂，但裂缝未形成纵横交错；冻融使衬砌破坏，但不十分严重；冻害使洞内排水设备破坏；冻融使线路的养护周期缩短
D（轻微）		有冻害，但对行车安全无影响，对隧道使用功能影响轻微

4. 隧道衬砌材料劣化评定

隧道衬砌材料劣化是指修建衬砌的材料（砖、石块、混凝土等）在大气、水、烟、盐等侵蚀介质作用下发生的劣化现象。

表5-16 铁路隧道衬砌材料劣化类型

劣化类型		形成原因
混凝土衬砌的腐蚀		混凝土衬砌由于长时间使用，当受到侵蚀介质经常作用时，会出现混凝土强度降低、起毛、酥松、麻面蜂窝、起鼓剥落、孔洞露石、骨料分离等材质破坏。有的用手可捏成粉末，严重者呈豆腐渣状
砌块衬砌的腐蚀	灰缝腐蚀	灰缝失去黏结力和抗压强度，因而发生灰缝脱落、砌块松动，严重的可导致衬砌变形，沿灰缝开裂和掉块，失去支护围岩的能力
	砌块腐蚀	用砖、石块修建的衬砌风化剥落的现象

表5-17 衬砌材料劣化等级评定

衬砌材料劣化等级		衬砌材料劣化类型	
		混凝土衬砌腐蚀	砌块衬砌腐蚀
A	AA（极严重）	衬砌材料劣化严重，经常发生剥落，危及行车安全；厚度为原设计厚度的3/5，混凝土强度大大下降	拱部接缝劣化严重，拱部衬砌有可能掉落大块体（与砌块大小一样）
	A1（严重）	衬砌材料劣化，稍有外力或震动，即会崩塌或剥落，对行车产生重大影响；腐蚀深度10 mm，面积达0.3 m²；衬砌有效厚度为设计厚度的2/3	接缝开裂，其深度≥10 cm，砌块错落大于1 cm
B（较重）		衬砌剥落，材质劣化，衬砌厚度减小，混凝土强度有一定的降低	接缝开裂，但深度＜10 cm或砌块有剥落，但剥落体在40 mm以下
C（中等）		衬砌有剥落，材质劣化，但发展较慢	接缝开裂，但深度不大，或砌块有风化剥落，但块体很小
D（轻微）		衬砌有起毛或麻面蜂窝现象，但不严重	砌块有轻微风化

5.4.2 《铁路运营隧道衬砌安全等级评定暂行规定》的内容

《铁路运营隧道衬砌安全等级评定暂行规定》（铁运函〔2004〕174号发布，2004年6月1日起试行），规定了适用于行车时速160 km以下的单线铁路运营隧道评定标准，双线或多线铁路隧道可参照执行，新建铁路隧道竣工交验时衬砌质量评定亦可参照执行。

1. 基本术语

隧道衬砌状态：作为隧道主要承载结构的衬砌（包括仰拱、底板）的状态。

内部结构：衬砌内部钢筋及钢架的分布情况。

内部缺陷：衬砌内部的空洞、蜂窝、疏松等缺陷。

基床：仰拱（含回填混凝土）、底板的通称。

基底：基床底部与围岩连接处，简称基底。

基底不密实：基底有虚渣、淤泥或吊空充泥充水。

净空不足：衬砌内部实际拥有的空间不能满足隧道建筑限界的要求，习称限界不足。

2. 衬砌安全等级评定程序

衬砌安全等级评定按照表5-18的步骤进行。

表5-18　衬砌安全等级评定程序

步骤	评定程序	工作内容
1	搜集资料	①隧道修建资料：工程地质及水文地质资料、隧道设计图、竣工图、施工记录、工程日志、工程总结等；②隧道运营资料：检查记录、抽检评定记录、状态报告、大修及技改记录、病害观测记录及隧道设备图表等
2	病害调查与观测	采用目视、摄影或仪器量测等方法，内容包括：衬砌渗漏水、衬砌裂纹、衬砌位移或变形、衬砌净空变化、衬砌腐蚀、衬砌压溃或剥落、整体道床裂损、仰拱或底板裂损、基床软化及翻浆等病害情况。必要时调查山顶变形开裂、塌陷资料
3	衬砌状态检测	①衬砌厚度及内部钢筋、钢架设置情况；②衬砌混凝土强度；③衬砌内部缺陷情况；④衬砌背后空洞及回填状况（按不密实、密实分类）；⑤仰拱、底板裂损及基底密实情况；⑥衬砌背后及基底地下水状况（地下水是否发育，水质有无腐蚀性）
4	资料分析	数据处理、解释成图
5	安全等级评定	评价隧道安全等级

3. 隧道衬砌状态分类

根据保证隧道衬砌正常使用和行车安全的要求，衬砌状态分为完好、缺陷、病害三类（见表5-19）。

表5-19　隧道衬砌状态分类

隧道衬砌状态	说明
完好	隧道衬砌结构状态符合设计要求，无任何缺陷或病害
缺陷	隧道交付运营时业已存在的可见的或隐蔽的质量缺陷，主要指衬砌厚度不足、衬砌混凝土强度不足、衬砌背后有空洞或回填不密实、基底不密实等
病害	隧道交付运营时业已存在的或运营期间出现的影响衬砌使用寿命或行车安全的劣化状态，主要指衬砌漏水、衬砌位移或裂纹、衬砌变形、净空不足、衬砌压溃或剥落、衬砌腐蚀、整体道床裂损、仰拱或底板裂损、基床软化及翻浆等

4. 隧道衬砌厚度及混凝土强度缺陷的量化指标

隧道衬砌存在缺陷及病害时，为了病害整治与工程质量评定的需要，可按隧道衬砌缺陷与病害项目以及严重程度划分为轻微、较严重、严重、极严重四个等级（见表5-20）。

表5-20　隧道衬砌厚度及混凝土强度缺陷的量化指标

缺陷项目	严重程度	缺陷等级			
		1	2	3	4
		轻微	较严重	严重	极严重
衬砌混凝土厚度不足	$1 > h_1/h \geq 0.90$	L_c不限	—	—	—
	$0.90 > h_1/h \geq 0.75$	$L_c < 5$	$L_c \geq 5$	—	—
	$0.75 > h_1/h \geq 0.60$	—	$L_c < 5$	$L_c \geq 5$	—
	$h_1/h < 0.60$	—	—	$L_c < 5$	$L_c \geq 5$
衬砌混凝土强度不足	$1 > q_1/q \geq 0.85$	L_q不限	—	—	—
	$0.85 > q_1/q \geq 0.75$	$L_q < 5$	$L_q \geq 5$	—	—
	$0.75 > q_1/q \geq 0.65$	—	$L_q < 5$	$L_q \geq 5$	—
	$q_1/q < 0.65$	—	—	$L_q < 5$	$L_q \geq 5$

注：1. 检测衬砌厚度当相邻测线3条及以上均连续不足时，其缺陷等级应提高一级。

2. 检测断面衬砌混凝土的最低强度低于平均值的80%时，其缺陷等级应提高一级。

3. 表中数据用于双线及多线铁路隧道时，应适当修正测线连续长度。

4. 符号说明：h，设计衬砌厚度；h_1，检测衬砌厚度，当衬砌混凝土存在内部缺陷时，检测衬砌厚度应换算为有效衬砌厚度，即将检测衬砌厚度减去内部缺陷削弱的部分厚度；q，设计衬砌混凝土强度；q_1，检测断面衬砌混凝土测点的平均强度；L_c，检测衬砌厚度不足地段的测线连续长度；L_q，检测衬砌混凝土强度不足地段的测线连续长度。

5. 隧道衬砌背后有空洞或回填不密实、基底不密实的量化指标（见表5-21）

表5-21　隧道衬砌背后有空洞或回填不密实、基底不密实的量化指标（m）

缺陷项目	缺陷等级			
	1	2	3	4
	轻微	较严重	严重	极严重
衬砌背后空洞	$kL_c \leq 1$	$1 < kL_c \leq 3$	$3 < kL_c \leq 5$	$kL_c > 5$
回填不密实	$sL_c \leq 3$	$3 < sL_c \leq 9$	$9 < sL_c \leq 15$	$sL_c > 15$
基底不密实	$dL_c \leq 3$	$3 < dL_c \leq 9$	$9 < dL_c \leq 15$	$dL_c > 15$

注：1. 衬砌背后未回填深度及直径大于10cm，即属于有空洞。

2. 衬砌背后有空洞或回填不密实，当位于拱脚以上1m范围内时，其缺陷等级应提高一级。

3. 表中数据用于双线及多线铁路隧道时，应适当修正测线连续长度。

4. 符号说明：kL_c，衬砌背后回填有空洞地段的测线连续长度；sL_c，衬砌背后回填不密实地段的测线连续长度；dL_c，基底不密实地段的测线连续长度。

6. 隧道衬砌病害的量化指标（见表5-22）

表5-22　隧道衬砌病害的量化指标

序号	病害项目	病害等级			
		1	2	3	4
		轻微	较严重	严重	极严重
1	衬砌漏水	拱部有季节性滴水，边墙有季节性渗水	拱部有滴水，边墙有渗水	拱部滴水成线、边墙有渗水流泥、隧底涌水、结冰侵限	拱部漏水直击接触网，影响正常运营
2	衬砌裂纹	衬砌有收缩裂纹或环向裂纹	裂纹多于3条，有交叉；裂纹长度小于5m，宽度小于3mm	裂纹呈网状，有剥落掉块可能；裂纹长度5～10m，宽度3～5mm；裂纹错位长度小于5m，宽度小于3mm	裂纹呈网状，有剥落掉块；裂纹长度大于10m，宽度大于5mm；裂纹错位长度大于5m，宽度大于3mm
3	衬砌位移或变形（以速度v计）	—	$v < 3\,mm/a$	$3\,mm/a \leq v \leq 10\,mm/a$	$v > 10\,mm/a$
4	净空不足	—	侵入隧道建筑限界	侵入直线建筑，接近限界	侵入超级超限货物装载限界
5	衬砌压溃或剥落	衬砌有局部风化剥落	拱部压溃范围小于1m²，剥落掉块厚度小于30mm	拱部压溃范围大于1m²，小于3m²，剥落掉块厚度30～50mm	拱部压溃范围大于3m²，剥落掉块厚度大于衬砌设计厚度的1/4
6	衬砌腐蚀		衬砌腐蚀厚度小于设计厚度的1/5	衬砌腐蚀厚度大于设计厚度的1/5，小于或等于2/5	衬砌腐蚀厚度大于设计厚度的2/5
7	整体道床破损	整体道床有局部轻微裂损	整体道床变形、错牙，下沉小于3mm	整体道床变形、错牙，下沉介于3～5mm，可能影响轨道稳定	整体道床变形、错牙，下沉大于5mm，已经影响轨道稳定
8	仰拱或底板裂损	连续长度小于或等于1m	连续长度大于1m，小于或等于3m	连续长度大于3m，小于或等于5m	连续长度大于5m
9	基床软化、翻浆	基床局部软化、翻浆	基床软化、翻浆，轨道几何尺寸变化较小	基床软化、翻浆较严重，轨道几何尺寸变化较大	基床软化、翻浆严重，轨道几何尺寸变化异常

注：1. 衬砌裂纹均指尚在发育中的裂纹。当裂纹已经稳定，其病害程度应降低一级；当裂纹发展较快，其病害程度应提高一级。

2. 衬砌裂纹呈密集状态，平行裂纹多于3条或出现大量环向非施工缝裂纹时，其病害等级应提高一级。衬砌裂纹如以斜向受力裂纹为主，其病害等级应提高一级。

3. 发现衬砌有位移或变形时，用净空位移计量测其发展速度；当衬砌位移或变形发展呈加速趋势时，其病害等级应提高一级。衬砌位移或变形发展速度v的值，是基于直边墙无仰拱的衬砌结构；当为曲边墙有仰拱的衬砌结构时，其病害等级应提高一级。

4. 在仰拱或底板裂损病害项目中，其裂损连续长度值基于底板结构，当为仰拱结构时，其病害等级应提高一级。

5. 因滑坡或其他原因增加外力引起的衬砌裂纹、变形或轨道中线位移，其病害量化指标应另行确定。

7. 隧道衬砌安全等级评定标准

隧道衬砌的安全等级，可按衬砌状态及危及行车安全的程度划分为完好（D）、轻微（C）、较严重（B）、严重（A1）、极严重（AA）五类（见表5-23）。

表5-23　隧道衬砌安全等级评定标准

项目	安全等级										
	D	C	B			A1			AA		
	完好	轻微	较严重			严重			极严重		
衬砌病害等级	无病害	1	2	2	2	3	3	3	4	4	4
衬砌缺陷等级	无缺陷	1	2	1	1★3★4★	3	2	1★2★4★	4	3	1★2★3★
围岩级别	—	—	—	Ⅳ~Ⅵ	—	—	Ⅳ~Ⅵ	—	—	Ⅳ~Ⅵ	—
地下水状况	—	—	—	发育	—	—	发育	—	—	发育	—
对行车安全的影响	—	对行车安全无影响	病害有发展，对行车安全尚未产生影响			病害发展较快，存在危及行车安全的可能			病害已经危及行车安全		

注：当衬砌缺陷为注有"★"的等级时，该段衬砌安全等级应通过综合判断确定。

8. 其他说明

1）根据隧道衬砌缺陷及病害的分布情况，应分段评定隧道衬砌缺陷及病害的等级。当同一地段有多项缺陷或病害项目时，应按严重程度最高的项目判定其等级。

2）隧道衬砌安全等级分段评定时，其每段的长度不宜小于隧道内净空最大宽度。否则，应视为相邻段病害，等级同其中高等级地段。

3）隧道衬砌安全等级不仅与竣工时衬砌的状态有关，而且与运营期间通过的机车车辆轴重、运量及养护维修是否到位有关。推定隧道衬砌状态的变异原因时，除应充分考虑各种因素的影响外，尤应注意具有主导性的因素。

4）对照隧道衬砌缺陷的量化指标及衬砌病害的量化指标，分段评定隧道衬砌缺陷及隧道衬砌病害等级。依据分段评定的衬砌病害及缺陷等级，结合隧道工程地质、水文地质及对行车安全的影响，按评定标准综合评定该段隧道衬砌的安全等级。一座隧道衬砌的安全等级，应在分段评定的基础上，按各段中缺陷病害最严重地段的安全等级确定。

5）仰拱或底板是隧道衬砌的重要组成部分，在运营条件下，作为道床的基础直接承受来自机车车辆的冲击荷载。隧道仰拱或底板底部不密实，会使基床破损、道床下沉、轨道几何尺寸变化异常，影响正常运输和行车安全。在隧道施工过程中，仰拱或底板总是最后一个施工环节（目前已有仰拱先行或隧道衬砌一次灌注成环的新工艺），基底往往留有虚渣、淤泥或杂物，难以保证仰拱或底板与基底围岩密贴，给以后运营留下隐患。在运营隧道病害中，隧道基底病害始终为诸病害之首，影响运输最为严重。

6）隧道基底只能从道床翻浆变形现象推断病害情况，再通过少量的挖探坑进行研究，难以对隧道仰拱或底板整体状况作出正确判断，不能对病害进行全面的彻底根治。如果在发生病害之前采用地质雷达方法，探明整个隧道隧底的整体状况，再和挖探相结合，查明隐伏病害性质和规模，有针对性地进行治理，则能够达到事半功倍的效果。

第六章 | 雷达图像分析和衬砌质量评价

▶6.1 缺陷形成原因分析及其雷达图像特征分析

从地质雷达检测评价的角度来看，隧道衬砌质量合格的标准包括开挖断面达到设计要求，初期支护数量达到设计标准，围岩、初喷混凝土、二衬混凝土间结合紧密等几项内容。如果达到上述标准，由于混凝土和围岩的电特性相似，介电常数接近，雷达图像是难以分辨出衬砌界面的，这也是隧道边墙资料分析困难的原因。实际情况是，大部分隧道衬砌质量不能全部满足上述合格标准，缺陷类型多种多样，由此产生的雷达图像也是千差万别的。图6-1所示是某隧道的一段衬砌质量合格的雷达图像，光爆效果好，没有超挖和欠挖。

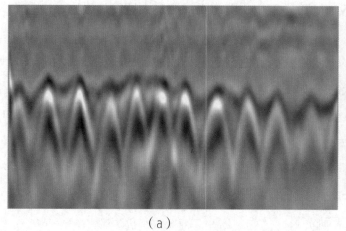
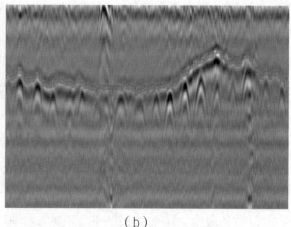

（a）　　　　　　　　　　　　　　　　　　（b）

图6-1　衬砌质量合格的雷达图

下面结合雷达图像特征，从初期支护、二次衬砌、灾害地质以及仰拱等几个方面，分析造成质量缺陷的原因，并对缺陷雷达图像的特征进行说明。

6.1.1 衬砌空洞的图像特征

1. 光爆效果不好和防水板悬挂不当造成空洞光面爆破控制不好，超挖、欠挖现象频繁出现，隧道断面出现锯齿状的起伏，这种情况下规范规定在初期支护时采用同级喷射混凝土找平。但一些施工单位则采用偷工减料的方法，喷射混凝土前，在拱部钢筋网背后垫片石，之后喷射混凝土，在喷射层背后留下面积不大但连续出现的小空洞，形成质量隐患。

防水板是隧道防水的重要手段，防水板悬挂过紧或过松都会造成背后脱空，并且空洞出现的频率与光爆质量密切相关。图6-2所示是防水板悬挂过松的照片。图6-3所示是光爆不好，造成防水板上部脱空的雷达图像，图像中空洞规模小且不连续。

图6-2　隧道防水板悬挂过松

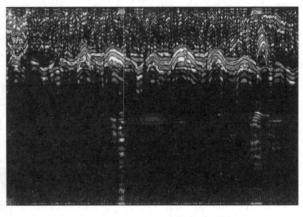

图6-3　光爆效果差，防水板上部脱空

2．施工过程形成的空洞。

1）在拼装台车衬砌的隧道中，采用人工输送混凝土时，由于人员疲劳造成混凝土输送量不足，导致工程质量下降，衬砌中形成空洞。空洞一般表现出连续性，且纵向尺寸大。图6-4所示是衬砌中的空洞，二衬混凝土厚度30 cm，最薄处混凝土厚度10 cm，空洞竖向尺寸最大达到50 cm。挡头模板位置混凝土空洞，造成空洞断续存在。

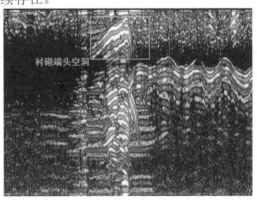

图6-4　衬砌连续脱空

2）挡头模板位置处的空洞。在泵送混凝土衬砌时，两个衬砌循环的衬砌连接处，后一循环的挡头模板位置形成空洞。图6-5是空洞形成的示意图，其雷达图像如图6-6所示，清晰地反映了分界处两侧的衬砌状态。

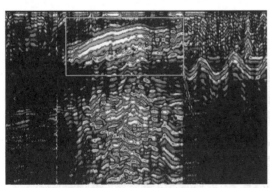

图6-5　模板位置处形成空洞示意图

图6-6　模板位置处的空洞

3．大塌方或大溶洞形成空洞。塌方是开挖时出现较大面积坍落，一般沿隧道中线方向延续长度在2 m以上，有时可达10 m以上。较大溶洞的尺寸还要大于塌方。对隧道内大的塌方或溶洞，不能完全回填满，以免超过衬砌的承载能力，而是用喷锚支护稳定岩体，再利用厚片石加固，必要时设置钢筋混凝土衬砌。这样虽然在塌方或溶洞处仍然存在空洞，但衬砌质量是合格的。图6-7所示是5 m以上较大溶洞的一种处理方式，顶部喷射混凝土，设立钢拱架，拱架背后铺设钢筋网，钢筋网后是30～50 cm的砌片石层，顶部预留喷砂孔，喷射细砂做为缓冲层，保护隧道衬砌。

图6-8是拱部溶洞处理后的雷达图像，溶洞位置由于是钢筋混凝土加固，雷达信号出现强烈反射波组，衬砌混凝土后面依然是空洞反映，深度达到2.4 m以上。

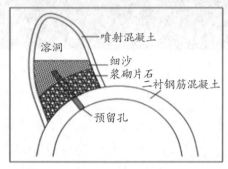

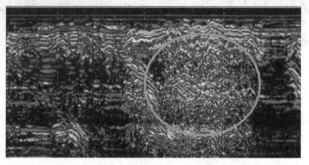

图6-7　较大溶洞处理示意图　　　　图6-8　衬砌背后的溶洞，图像显示大的空洞

6.1.2　衬砌不密实的图像特征

1. 超挖回填造成的不密实缺陷

当隧道的超挖尺寸过大时，如果不采用同级混凝土回填，而采用片石回填，并且用灌浆法或干砌法施工，片石间空隙不能充满混凝土，造成不密实缺陷，这在工程中是不允许的。图6-9所示是不密实缺陷。衬砌设计厚度55 cm，检测厚度50 cm，混凝土厚度没有达到设计要求。背后混凝土不密实。由于不密实缺陷处的空隙小且不连续，给后期处理带来很大麻烦，单纯的注浆处理往往难以达到预期效果。

2. 塌方回填造成的不密实缺陷

对小规模的塌方（坍高1 m左右）处理要求和超挖相同。如果用浆砌片石填充，要求片石竖向摆放，用挤浆法施工，保证沙浆饱满，不允许片石横向搁置或用灌浆法、干砌法施工，否则片石间空隙不能填充混凝土，造成不密实缺陷。图6-10所示是小规模塌方处回填片石的图像。衬砌设计厚度45 cm，检测混凝土厚度55 cm，混凝土厚度达到设计要求。背后回填片石沙浆基本饱满，局部片石间存在少量空隙。这种缺陷如果在水量不丰富的隧道中，一般不用做特别处理。

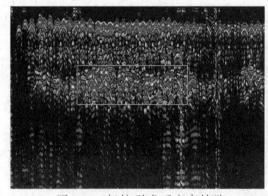

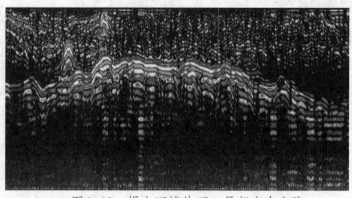

图6-9　超挖形成不密实缺陷　　　　图6-10　塌方回填片石，局部存在空隙

6.1.3　隧道欠挖的图像特征

规范要求每平方米内欠挖面积不能超过0.1 m²（10%），欠挖尺寸不大于5 cm；拱脚、边墙基础（内轨顶上1.5 m）位置不允许欠挖。欠挖超出部分必须清除到位，否则由于欠挖位置混凝土厚度不足，将出现裂缝或掉块病害，影响隧道安全。

图6-11所示是一处欠挖缺陷的雷达图像。设计衬砌厚度50 cm，检测最薄处混凝土32 cm，背后有3 cm的空隙，最大欠挖15 cm。

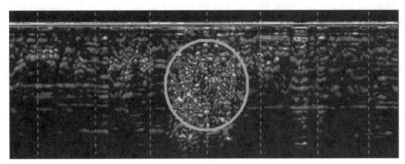

图6-11　界面显示欠挖位置

6.1.4　溶洞的图像特征

1. 小溶洞的处理方法和塌方类似，雷达图像特征基本相同。

2. 较大溶洞一般采用喷锚支护，稳定溶洞处的岩体，再用浆砌片石回填洞穴。图6-12所示是溶洞回填后的图像。在施工过程中隧道边墙发现溶洞，采用浆砌片石回填后，在溶洞处采用钢纤维混凝土衬砌，图中钢纤维混凝土造成界面强烈反射。

3. 隐伏溶洞指在设计和施工过程中都没有发现的溶洞，一般在短时间内不会产生影响，但如果隧道围岩水量丰富或有水腐蚀时，会逐渐发展成渗水、漏水等病害，在北方冬季会形成冻害。

图6-13中衬砌背后清晰地反映出隐伏溶洞的位置。该段衬砌混凝土设计厚度30 cm，溶洞处在施工时已经发现有溶蚀现象，采用了钢拱架加固，衬砌界面反射强烈。溶洞长度约5 m，深度1.2～2.4 m。

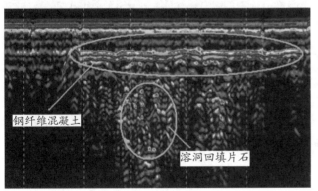

图6-12　溶洞段采用钢纤维混凝土衬砌

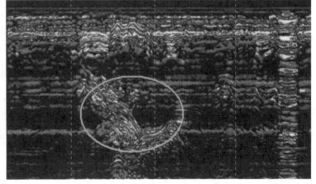

图6-13　隐伏溶洞

6.1.5　初期支护

初期支护中，锚杆支护、喷射混凝土支护和现场量测是"新奥法"施工的三大支柱。初期支护和二衬混凝土共同承担荷载。喷射混凝土厚度一般在5~15 cm左右，二衬混凝土一般在30 cm以上。由于隧道衬砌检测一般安排在二衬完成之后，如果二者之间没有空隙，检测的混凝土厚度是喷射混凝土和二衬混凝土的综合厚度；如果二者之间存在空隙，检测的混凝土厚度是二衬混凝土的厚度，喷射混凝土的厚度可以通过分析钢筋网、格栅拱架以及衬砌背后脱空等缺陷的特征来综合判定。

准确检测喷射混凝土厚度要在二衬混凝土施作前进行，喷射混凝土厚度一般小于25 cm，检测时必须采用900 MHz或以上的高频屏蔽天线。

V级围岩、局部IV级围岩或大的塌方、溶洞段，需要采用钢筋网或钢拱架作为初期支护，加强衬砌的承载能力。钢筋网和钢拱架的数量直接影响到隧道的安全，因此需要对其数量和位置进行检测。

1. 钢筋网一般采用φ8 mm圆钢，绑扎成网格20 cm×20 cm、面积1.0 m×1.2 m大小的网片，用于对超挖、塌方段的处理，必要时多块连接使用。图6-14是钢筋网布置示意图。图6-15和图6-16是钢筋网雷达图像，钢筋表现为尖锐的抛物线形态，信号能量强，可以直观地统计出钢筋数量。图6-15中，中部钢筋网背后浆砌回填片石不彻底，存在空洞。右侧钢筋网缺失，衬砌背后存在空洞。图6-16中，钢筋网在中间错断，左侧钢筋网突起位置衬砌混凝土厚度15 cm，钢筋网背后没有空洞，该段设计衬砌厚度42 cm，属于严重欠挖缺陷。

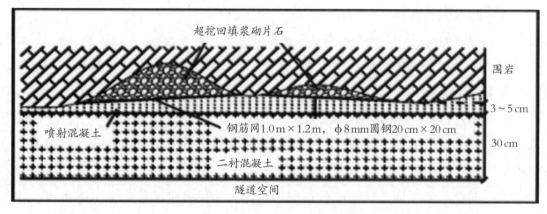

图6-14　钢筋网布置示意图

图6-15　钢筋网缺失，回填片石不密实

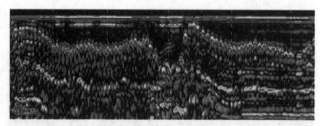

图6-16　钢筋网错断

2. 钢拱架一般分两种，一是采用不小于16#的工字钢或16B型槽钢制作，二是采用4根φ22 mm的螺纹钢做主筋，制成15 cm×15 cm的格栅拱架。铁路隧道中钢拱架大多采用第二种。

钢拱架分拱墙局部设置和全环设置两种情况。在隧道拱部和边墙安置钢拱架，称为拱墙局部设置，拱部、边墙和仰拱都安置钢拱架，称为全环设置。图6-17是钢拱架安置示意图，图6-18是工字钢钢拱架安装照片。

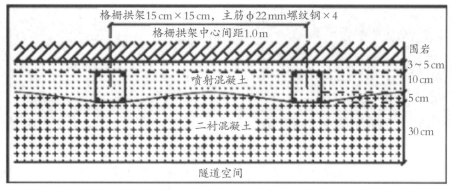

图6-17 钢拱架安置示意图

图6-18 钢拱架照片

图6-19是二衬施工结束后的钢拱架雷达检测图像。钢拱架间距1.0 m，排列整齐，表现为抛物线形式，但宽度和幅度远大于钢筋的反映。图像中衬砌混凝土厚度难以确定，可以先确定钢拱架处的混凝土厚度，再加上钢拱架的厚度来间接计算混凝土衬砌厚度。

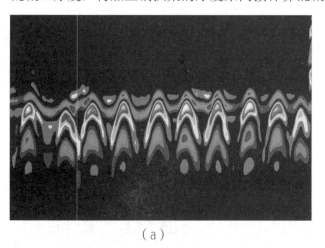

（a）

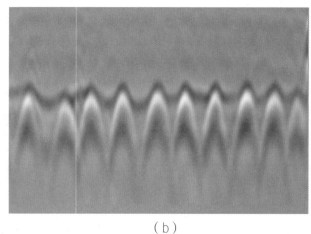

（b）

图6-19 钢拱架雷达图像

6.1.6 钢筋混凝土衬砌

隧道洞口以及特殊段落需要设置钢筋混凝土衬砌，一般采用 ϕ 12 mm螺纹钢，制成25 cm×25 cm的钢筋网，安置于二衬混凝土中，形成钢筋混凝土衬砌。图6-20是钢筋混凝土衬砌中的钢筋分布示意图，图6-21是二衬中钢筋网的雷达图像。

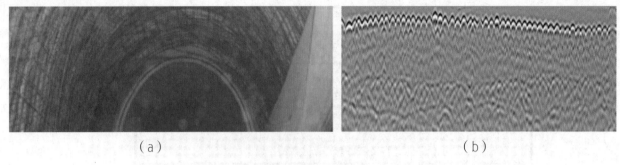

（a）　　　　　　　　　　　　　　　（b）

图6-20　钢筋混凝土衬砌钢筋分布示意

图6-21右侧衬砌混凝土中由于存在钢筋造成强烈反射，信号反映明显。左侧素混凝土衬砌设计厚度42 cm，衬砌混凝土与围岩界面清晰。两段不同衬砌的分界面十分明显。

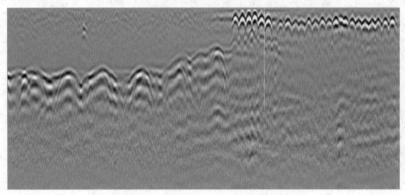

图6-21　钢筋混凝土的雷达图像

6.1.7　隧道基床

隧道基床出现缺陷主要基于以下原因：

1. 基底清渣不彻底，造成仰拱底部混凝土不密实。

2. 按照设计规范，仰拱施作要求分步施工，先成拱后填充，上部填充素混凝土。施工单位在具体施作过程中往往一次成型，致使混凝土因体积太大而水化热无法散出，产生温度裂缝，或者在填充混凝土中加入片石甚至工程弃渣等其他成分，使仰拱混凝土强度降低。

3. 基底开挖深度达不到设计标准，仰拱深度偏小。

图6-22是基床结构示意图及现场施工照片。

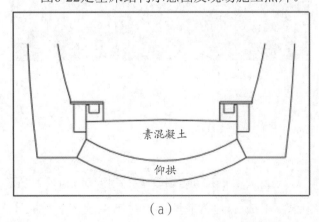

（a）　　　　　　　　　　　　　　　（b）

图6-22　基床结构示意图

一般情况下，雷达检测基床图像反映的是仰拱、回填素混凝土和底板的综合厚度，雷达图像的特征与二衬钢筋混凝土的相似。图6-23是隧道仰拱的雷达图像，仰拱设计深度1.10 m，反射时间约18 ns。代表仰拱连续轴相位的上方出现强反射信号，表明隧道基底虚渣清除不彻底，回填素混凝土中添加了片石，且混凝土中存在空洞缺陷。

图6-24是隧道底板的检测图像，底板混凝土设计厚度30 cm。检测底板界面深度在70 cm以上，严重超挖，上部30 cm混凝土密实，界面清晰，底板下部混凝土中出现强烈反射波组，表明隧道底部虚渣清除不彻底，混凝土中填有片石。

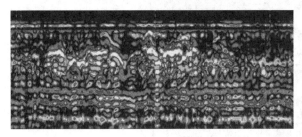

图6-23　隧道仰拱雷达图像

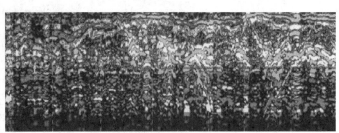

图6-24　隧道底板雷达图像

6.2　隧道衬砌质量评价分类

总结前面的内容，隧道衬砌（含仰拱）质量评价一般可以依照表6-1所列的7种类别。

表6-1　隧道衬砌质量评价表

序号	质量分类	评价标准
1	合格	隧道开挖断面符合设计要求，衬砌混凝土厚度达到设计标准，初期支护、混凝土以及围岩之间结合紧密
2	空洞	衬砌混凝土厚度达到设计标准，由于断面超挖等原因，造成衬砌混凝土和围岩以及初期支护、二衬混凝土之间存在空隙
3	欠厚	隧道断面开挖尺寸符合设计要求，衬砌混凝土厚度小于设计标准，即衬砌混凝土背后有空洞。这种缺陷可以采用注浆方式治理
4	不密实	一是因振捣不够、漏浆或混凝土离析等造成的蜂窝状、松散状以及遭受意外损伤所产生的疏松状混凝土区域；二是隧道断面超挖，在回填混凝土中加入片石，片石之间沙浆不饱满，存在空隙
5	欠挖	隧道开挖断面未达到设计标准，造成衬砌混凝土厚度不足
6	钢支撑缺陷	钢筋格栅、型钢拱架错断变形或数量少于设计标准
7	灾害地质	围岩中存在隐伏溶洞以及较大的裂隙

6.3　外界因素对雷达图像的影响

6.3.1　大型机械设备、避车洞、下锚段、管道、金属物质的影响

检测过程中，需要密切注意周围环境，对可能影响雷达检测的外部因素进行详细记录，以便在资料处理时有目的地排除外部影响，降低误判概率。

大型机械设备为铁磁性介质，避车洞、下锚段处由于高度变化，天线离开混凝土表面，中间存

在空气介质，铁磁性介质和空气介质相对于混凝土来说，介电常数差异很大，因此随着天线向它们靠近，雷达图像中会出现斜向波组，并且能量越来越强。图6-25是通过避车洞时的一幅雷达图像，避车洞两侧洞壁形成交叉波组。图6-26是270MHz天线检测隧底通过钢架台车时的干扰，雷达图像显示类似拱架的波形。图6-27、图6-28、图6-29分别是270MHz、400MHz、900MHz天线经过管道时的雷达图像。

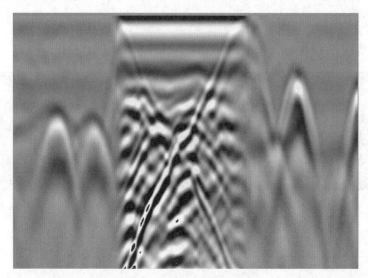

图6-25　避车洞的雷达图像

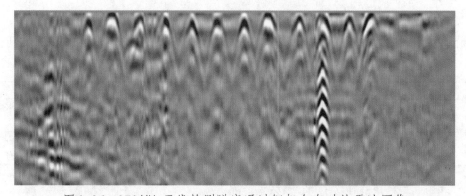

图6-26　270MHz天线检测隧底通过钢架台车时的雷达图像

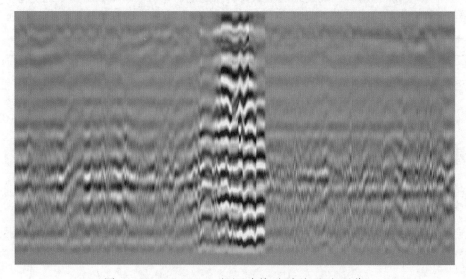

图6-27　270MHz天线经过管道时的雷达图像

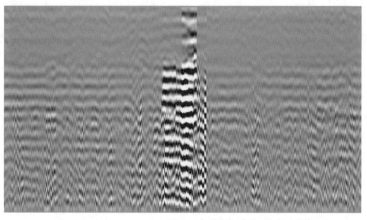

图6-28　400 MHz天线经过管道时的雷达图像

图6-29　900 MHz天线经过管道时的雷达图像

铁丝对天线的影响图像见图6-30至6-33。

图6-30　270MHz检测隧底通过铁丝现场照片

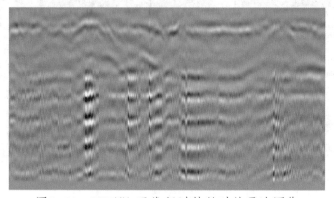

图6-31　270 MHz天线经过铁丝时的雷达图像

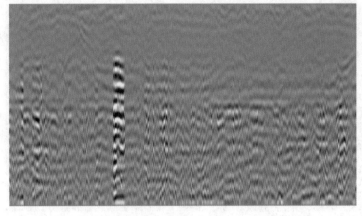

图6-32　400MHz天线经过铁丝时的雷达图像

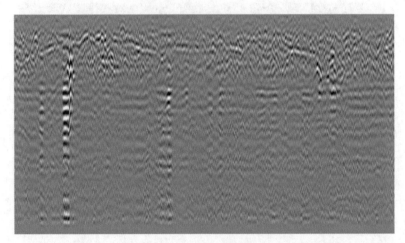

图6-33　900MHz天线经过铁丝时的雷达图像

6.3.2　天线的行进方向和耦合状态

　　检测过程中，要求行进平稳，直线前进。但在实际工作中，由于车辆颠簸，很难做到天线直线行进，加之受摩擦力的作用，天线又常常倾斜，行进中常常出现如图6-36所示的情况。天线与检测物耦合的紧密状态也对雷达图像产生很大影响。图6-34、6-35分别是在耦合较好的构筑物上和耦合较差的构筑物上检测的图像。

（a）

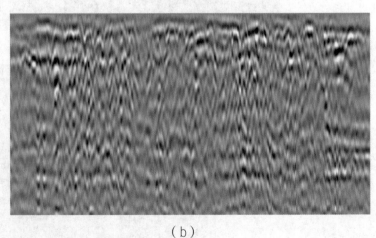

（b）

图6-34　耦合较好的雷达图像

（a）

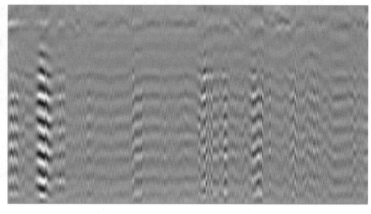
（b）

图6-35　耦合较差的雷达图像

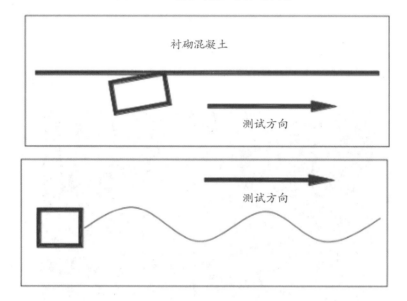

图6-36　天线倾斜行进

　　天线曲线前进，相当于加大了测点点距，测点里程难以与实际里程对应，会给资料解释带来误差。天线倾斜时，由于没有完全密贴混凝土表面，会使雷达图像出现干扰。图6-37是天线倾斜时的雷达图像。天线倾斜时形成强烈的多次反射波，反射波的能量随时间增长而增大，如果连续时间过长，资料将无法进行分析，必须进行复测。

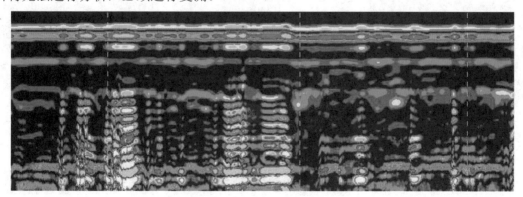

图6-37　天线倾斜时的雷达图像

　　外界电磁干扰。外界电磁干扰包括机械启动、对讲机通话等。图6-38所示是对讲机的电磁干扰。

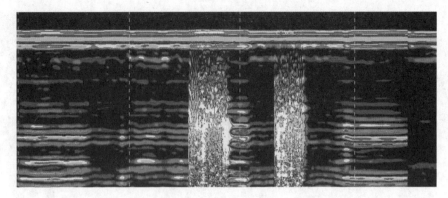

图6-38 对讲机通话造成的电磁干扰

6.3.3 水的影响

隧道内部由于通风不畅，潮湿的空气常常在洞壁凝结成大量水珠，这种条件下进行检测，相当于在天线和混凝土之间多了一层耦合剂。由于水的介电常数远远大于空气和混凝土，致使采集信号初至时间增加。如果对这段衬砌的检测条件没有进行记录，分析过程中常常增大混凝土的厚度，如图6-39所示。

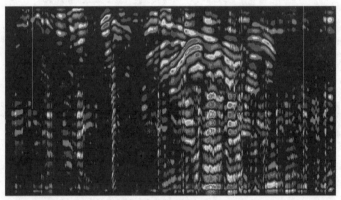

图6-39 雷达检测隧底过水时的图像

在进行现场检查时（见图6-40），通过对水进行隔开检测，效果要强很多，但是水中有淤泥影响会很大，图6-41、6-42为对比图像。

（a）

（b）

（c）

图6-40 检测现场

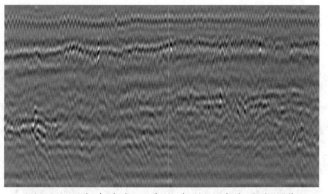

图6-41　水中底部干净没有淤泥时的雷达图像

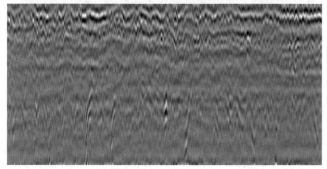

图6-42　水中底部不干净淤泥比较严重时的雷达图像

6.3.4　构筑物龄期的影响

在实际检测工作中，随砼龄变化，探地雷达检测效果有比较大的改变。需对不同时间段检测效果加以归纳统计，提出相应的检测方法，科学地进行隧道衬砌质量检测。本次实验的目的是对隧道检测中需检测的项目——二衬厚度、钢筋分布、钢骨架分布、围岩病害等进行阶段性检测，对其效果进行统计分析。

本次实验采用中国电波传播研究所研制生产的LTD-2600型探地雷达主机，搭载GC400 MHz、GC900 MHz地面耦合天线进行检测。GC400 MHz天线理论探深300 cm，可穿透隧道衬砌检测到围岩病害，但不能穿透双层钢筋，选用GC400 MHz检测素混凝土及单层钢筋混凝土；GC900 MHz天线理论探深100 cm，可穿透双层钢筋，选用GC900 MHz检测双层钢筋混凝土。

实际检测时，初支施工完成即进行探地雷达检测。为达实验一致性，采用某隧道二衬施工完成后检测数据统计并对比分析。

GC400 MHz检测效果分析。图6-43至图6-50是现场检测获得的雷达图像，下面的分析是结合图像来进行的。

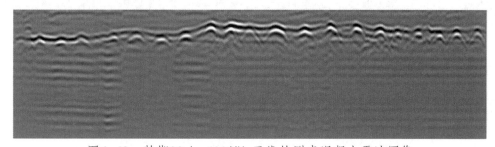

图6-43　龄期28 d，400 MHz天线检测素混凝土雷达图像

图6-43砼龄28 d：检测素混凝土，探测深度可达70 cm。

检测效果：二衬厚度清晰，初支拱架可见。

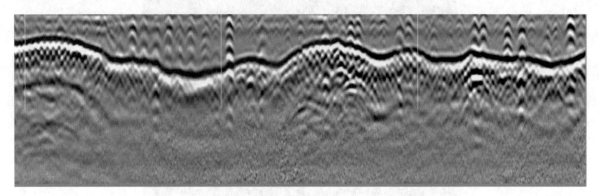

图6-44　龄期90 d，400 MHz天线检测单层钢筋雷达图像

图6-44砼龄90 d：穿透单层钢筋网，探测深度可达120 cm。

检测效果：二衬厚度清晰，初支内缺陷可见。

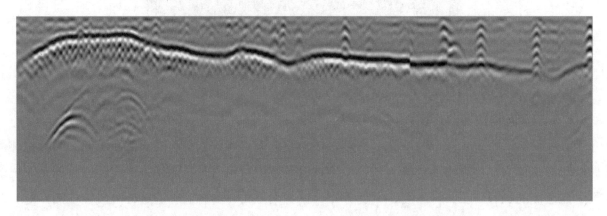

图6-45　龄期180 d，400 MHz天线检测单层钢筋雷达图像

图6-45砼龄180 d：穿透单层钢筋网，探测深度可达170 cm。

检测效果：二衬厚度清晰，围岩内浅层缺陷可见。

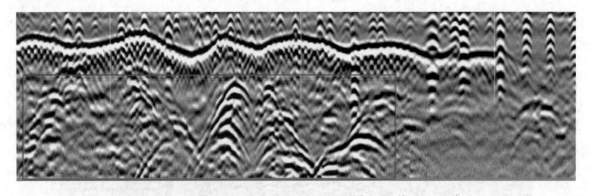

图6-46　龄期360 d，400 MHz天线检测单层钢筋雷达图像

图6-46砼龄360 d：穿透单层钢筋网，探测深度可达260 cm。

检测效果：二衬厚度清晰，围岩内深层缺陷可见。

使用GC400 MHz检测隧道衬砌，检测效果统计见表6-2。

表6-2　GC400 MHz检测隧道衬砌效果统计

砼龄/d	穿透深度/cm	二衬检测效果	初支检测效果	围岩检测效果
28	50～70	优	中	差
90	100～120	优	良	差
180	150～170	优	优	良
360	200～300	优	优	优

GC900 MHz相比GC400 MHz，其探测深度小，分辨率好，重量轻，操作较方便，可穿透间距在15 cm以上的双层钢筋网，在隧道衬砌质量检测中常用于双层钢筋混凝土及二衬质量检测。

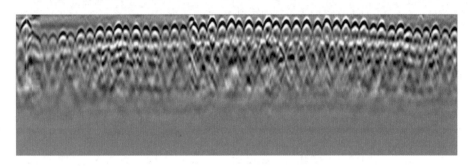

图6-47　龄期28 d，900 MHz天线检测双层钢筋雷达图像

图6-47砼龄28 d：检测双层钢筋混凝土，探测深度可达30 cm。

检测效果：第一层钢筋清晰，未探测到第二层钢筋。

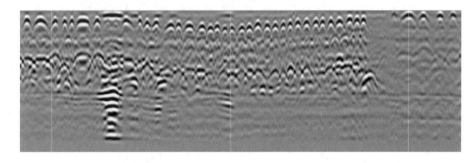

图6-48　龄期90 d，900 MHz天线检测双层钢筋雷达图像

图6-48砼龄90 d：检测双层钢筋混凝土，探测深度可达50 cm。

检测效果：双层钢筋清晰，未探测到初支拱架。

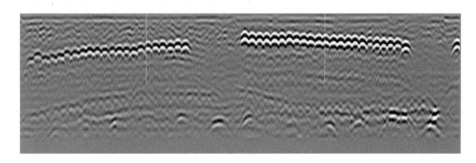

图6-49　龄期180 d，900 MHz天线检测双层钢筋雷达图像

图6-49砼龄180 d：检测双层钢筋混凝土，探测深度可达90 cm。

检测效果：双层钢筋清晰，可探测到初支拱架。

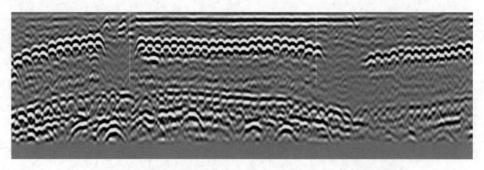

图6-50　龄期360 d，900 MHz天线检测双层钢筋雷达图像

图6-50砼龄360 d：检测双层钢筋混凝土，探测深度可达90 cm。

检测效果：双层钢筋清晰，可清晰探测到初支缺陷及拱架。

使用GC900 MHz检测隧道衬砌，检测效果统计见表6-3。

表6-3　GC900 MHz检测隧道衬砌效果统计

砼龄/d	穿透深度/cm	二衬检测效果	初支检测效果	围岩检测效果
28	20～30	差	差	—
90	50～60	良	差	—
180	70～90	优	良	—
360	70～100	优	优	—

结论：

使用探地雷达方法检测隧道衬砌质量，具有无损、快速、全面、直观等优势，但亦有其局限性，检测效果受混凝土含水率影响较大。

检测素混凝土及单层钢筋混凝土，使用GC400 MHz天线，在砼龄90 d后检测隧道衬砌质量效果较好；在衬砌表面检测深层围岩缺陷，砼龄180 d后检测效果较好。检测双层钢筋混凝土，使用GC900 MHz天线，在砼龄90 d后检测二衬质量效果较好，在砼龄180 d后检测隧道衬砌质量整体效果较好。

不同地区隧道工程施工过程中，受当地水文地质情况、天气原因影响，砼龄变化后，混凝土含水情况亦有不同，需根据实际情况调整检测时间，以达到最优检测效果。

第七章 | 探地雷达校准方法及提高数据精度

▐▶7.1 探地雷达的原理

探地雷达是一种利用电磁波的传播和反射特性，实现对地下隐蔽目标物的探测的高效率、无损检测设备，通常由计算机系统、控制单元、发射/接收天线组成。探地雷达以宽频带短脉冲的形式向介质内发射高频电磁波，根据电磁波在有耗介质中的传播特性，当其遇到不均匀体（界面）时会反射部分电磁波，其反射系数由介质的相对介电常数决定，通过对雷达主机所接收的反射信号进行处理和图像解译，达到识别隐蔽目标物的目的（见图7-1）。

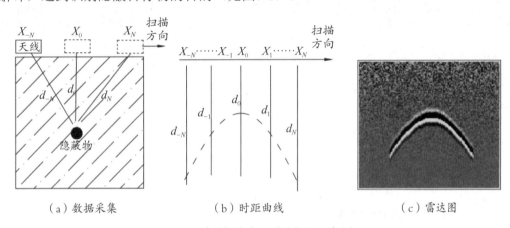

（a）数据采集   （b）时距曲线   （c）雷达图

图7-1 探地雷达工作原理示意图

电磁波在特定介质中的传播速度v是不变的，因此根据探地雷达记录上的地面反射波与目标物反射波的时间差ΔT，即可算出反射界面的深度H：

$$H = v \times \frac{\Delta T}{2}$$

雷达天线的中心频率决定了雷达的分辨力和探测深度。天线频率越高，垂直分辨力越高，探测深度越小；天线频率越低，垂直分辨力越低，探测深度越大。目前市场上主流的天线中心频率为10 MHz～2.6 GHz不等，垂直分辨力最高可达毫米级，探测深度从0.2至几十米不等，应用领域也各有不同。

▐▶7.2 探地雷达在工程检测领域的应用现状

华南地区主要工程施工检测单位使用的探地雷达估计有数十台，主要来自美国GSSI公司、意大利IDS公司、瑞典MALA公司，国产的探地雷达很少见。目前探地雷达在工程检测领域，普遍应用于公路沥青面层、基层和隧道衬砌的厚度、质量等方面的检测。从探地雷达的原理可以看出，进行厚度测量时，测量值与软件设置的波速直接相关。而电磁波在介质中的传播速度在不同环境因素作用下是不同的，例如当沥青层含水量发生变化时，波速也会相应改变。因此在实际使用时，需对波速进行校准。在铁路隧道衬砌和公路面层厚度检测时应进行钻芯，进行波速校准和厚度验证。国内学者在这方面也发表了一些研究成果，如李志强[①]对雷达进行沥青路面厚度检测时的误差进行了分析，给出了一种减少误差的校核方法，以此反算出电磁波在沥青面层中传播的最佳波速，使整体检测误差最小化。图7-2是使用探地雷达对公路面层进行探测的雷达图像及软件处理效果图，通过软件分析可以自动分辨出各层的分界线和每层的厚度。

图7-2 公路面层探测的探地雷达图像及软件处理效果图

7.3 相关行业技术标准

相关行业标准TB 10223-2004《铁路隧道衬砌质量无损检测规程》规定，最大探测深度应大于2 m，垂直分辨力应高于2 cm，隧道衬砌厚度的允差为15%。为满足该测量精度要求，探地雷达的分辨力应能达到厘米级，深度测量示值误差应能达到±5%。JTG F 40-2004《公路沥青路面施工技术规范》标准中对沥青上面层厚度的允差为-20%，总面层厚度允差为-10%。而沥青层上面层一般为40 mm左右，总面层厚度一般为150 mm左右，最大不超过300 mm，则对应的允许误差为上面层约8 mm，总面层约为15～30 mm。考虑到探地雷达垂直分辨力的限制，为满足该测量精度要求，探地雷达的分辨力应能达到毫米级，深度测量示值误差在厚度不大于100 mm时应能达到±3 mm，厚度大于100 mm时应能达到±3%。

---

① 李志强.地质雷达检测沥青路面厚度误差分析及校核方法[J].公路交通科技(应用技术版),2009,5(02):86-88.

▎▶7.4　校准方法研究思路

　　根据目前工程检测领域的应用情况和相关行业标准，用于隧道衬砌和公路面层检测的探地雷达天线中心频率为400 MHz～2.6 GHz，分辨力为0.01 m或0.001 m。从接近实际使用的角度来考虑，最理想的方案是设计一组与公路面层和隧道衬砌材料接近的标准块来对探地雷达进行校准。但是对于探测深度超过2 m的天线来说，制作厚度如此大的标准块，不仅精度难以保证，而且需要很大的存储空间，使用起来也十分不便，存在很多的不足。对于0.01 m分辨力的天线，可以采用空气作为介质进行模拟测量。该方法的优点是：空气中波速稳定，接近理论值，受干扰小，与其他介质的界面反射强，容易形成清晰可辨的雷达图像。缺点是校准过程稍麻烦，精度较低，但可以满足0.01 m分辨力天线的校准。对于0.001 m分辨力的天线，一般探测深度为0.3～0.7 m，可以通过实物标准块的方法来进行校准，测量精度高且稳定可靠。

▎▶7.5　探地雷达校准方法

　　根据探地雷达分辨力的不同，本书提出两种校准方法：空气介质法（适用于分辨力0.01 m的雷达）和标准厚度块法（适用于分辨力0.001 m的雷达）。

　　空气介质法准备工作：

　　1. 设置雷达参数。电磁波速度设为0.3 cm/ns，或介电常数设为1，根据天线的深度测量范围D，设置适当的时窗大小，数据采集方式为连续测量。

　　2. 选择一平整且与地面垂直的墙面（也可使用金属板作为反射面），利用直角尺和钢卷尺将天线底面与墙面靠近并平行放置（见图7-3），用钢卷尺测量天线底面到墙面距离L_0。

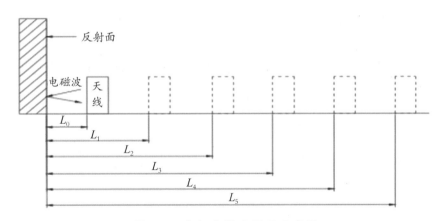

图7-3　空气介质法原理示意图

　　步骤1：启动雷达软件开始数据采集，停顿10 s左右，等待雷达记录回波，墙面与空气的交界面应在雷达软件上形成一条明显的水平线。

　　步骤2：将天线朝远离墙面方向缓慢移动约$D/5$的距离，天线底面保持与墙面平行，用钢卷尺测量天线底面与墙面距离L_1。

步骤3：停顿10 s左右，等待雷达记录回波，墙面与空气的交界面应在雷达软件上形成一条明显的水平线且较步骤1中的水平线明显下移，形成如图7-4所示的阶梯状图形。

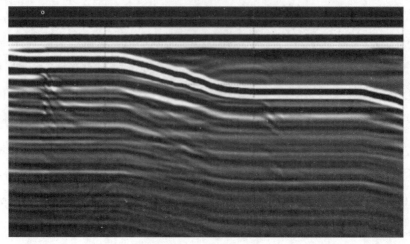

图7-4　阶梯状图形

步骤4：打开雷达数据处理软件，读取L_i（i=0，1，2，3，4，5）处对应的水平线的深度D_i（i=0，1，2，3，4，5）。计算示值误差：第i个校准点（i=1，2，3，4，5）的示值误差为

$$e_i = \frac{D_i - D_0}{L_i - L_0} - 1$$

重复测量3次，取e_i的3次测量结果的平均值为该校准点的示值误差。

标准厚度块法：

1.2～2.6 GHz的天线探测深度一般为0.3～0.7 m。本校准方法使用的标准器为一组由沥青碎石材料制成、厚度约为0.05 m和0.1 m的方形标准块，可组合成范围为0.05～0.6 m、间隔为0.05 m的标准厚度。

准备工作：

1.　先进行一次波速校准。选择天线探测深度量程一半左右的标准厚度H，用雷达测量电磁波从标准块上下两个界面返回的时间差Δt，根据公式反算出电磁波在标准块中的传播速度v。

2.　设置雷达参数。电磁波速度设为v，根据天线的深度测量范围D，设置适当的时窗大小，数据采集方式为连续测量。校准步骤：根据天线探测深度，大致均匀地选择3～5个厚度进行校准（见图7-5）。

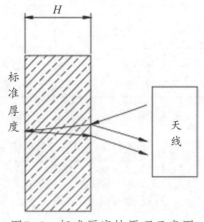

图7-5　标准厚度块原理示意图

计算示值误差：第i个校准点（i=1，2，3，4，5）的示值误差为

$$e_i=\frac{h_i}{H_i}-1$$

式中：h_i为探地雷达深度示值，H_i为标准厚度值。重复测量3次，取e_i的3次测量结果的平均值为该校准点的示值误差。

7.6 测量不确定度分析

以空气介质法为例，数学模型为

$$e=\frac{D-D_0}{L-L_0}-1$$

式中：D——校准点处雷达深度示值，m；

　　　D_0——初始位置处雷达深度示值，m；

　　　L——校准点处雷达天线至反射面距离，m；

　　　L_0——初始位置处雷达天线至反射面距离，m。

设$d=D-D_0$，$l=L-L_0$，则数学模型变为

$$e=\frac{d}{l}-1$$

依$u_c^2(y)=\sum(\partial f/\partial x_i)^2 u^2(x_i)$，有

$$u_c^2(y)=u_c^2(e)=c^2(d)u^2(d)+c^2(l)u^2(l)$$

式中：灵敏系数$c(d)=\frac{1}{l}$，$c(l)=\frac{d}{l^2}$。因$d\approx l$，故$u_c^2(y)=u_c^2(e)=\frac{1}{l^2}u^2(d)+\frac{1}{l^2}u^2(l)$。

标准不确定度来源主要有：1.测量重复性引入的标准不确定度$u_1(d)$=0.008 m；2.标准器示值误差引入的标准不确定度$u_1(l)$=0.0016 m；3.人为估读误差引入的标准不确定度$u_2(l)$=0.0008 m。

合成标准不确定度$u_c^2(y)=\frac{0.000\,067\,2}{l^2}$，$u_c(y)=\frac{0.0082}{l}$。

以$l=1$ m为例，$u_c(y)$=0.8%。

取$k=2$，则扩展不确定度$U=1.6\%$，应可满足校准精度要求。

本书根据探地雷达在工程检测中的应用情况，参考相关行业标准中的技术要求，提出对探地雷达的计量技术指标，并针对不同分辨力的天线，设计出两种相应的校准方法，通过不确定度计算，证明了该方法能够满足校准探地雷达的精度要求，方法科学可靠，实现了探地雷达的量值溯源。存在的不足在于，本书所设计的方法主要是针对工程检测领域使用的中心频率在400 MHz以上的天线，对于低频天线的校准并不适用。由于低频天线目前大多用于定性分析，对探测精度的要求不甚明确，因此对于低频天线的校准有待进一步研究。

7.7 提高雷达检测精度

随着"十一五"期间铁路建设的发展，铁路隧道工程的数量逐年增加。受施工水平和工艺的影

响，隧道施工常出现混凝土衬砌背后脱空或不密实等质量问题，给施工或营运带来隐患。因此，对隧道衬砌质量的过程检测和控制尤为重要。目前的隧道衬砌检测方法以地质雷达为主。地质雷达具有无损、高效、精度较高的特点。它是利用高频电磁脉冲波的反射原理来实现探测目的的。发射天线发出的电磁波在混凝土介质中传播，遇介质变化界面后反射，被接收天线所接收，分析电磁波走时和反射形态就可以确定衬砌厚度、钢筋或钢拱架排列不规则、混凝土不密实或脱空的范围。然而在现场检测过程中受场地限制，雷达数据采集过程中存在很多干扰，使后期资料处理比较困难，给解释结果带来误差，影响检测精度。因此，如何在现场检测过程中尽量避免干扰、优化参数以及在数据处理解释阶段如何提高信噪比，从而提高雷达技术在隧道衬砌中的检测精度，已成为现阶段的关键问题。

1. 雷达波速

雷达波速的准确标定是确定目标体深度的关键：

$$v = \frac{c}{\sqrt{\varepsilon}}$$

式中：c 为光速，ε 为相对介电常数。由于施工和用料配合比的原因，衬砌混凝土的相对介电常数在不同座隧道或不同段隧道都存在差异，因此混凝土衬砌中的雷达波速也是在一定范围内变化的。目前简单实用的现场速度标定方法是：在隧道衬砌上作雷达短测线获取衬砌与基岩交界面反射波走时，然后在测线上钻孔穿透衬砌，量得衬砌实际厚度 H，即

$$v = \frac{2H}{\Delta T}$$

如果无法钻孔，可根据隧道进出口明洞衬砌或已施工衬砌端头厚度与实测反射走时，计算出雷达波速 v。

2. 时窗长度

在隧道衬砌检测中，探测深度一般在 2 m 以内。探测深度的选取原则是既不能选得太小而丢掉重要数据，也不能选得太大而降低了垂向分辨率。一般选取探测深度 H 为目标深度的 1.5 倍。根据探测深度 H 和介电常数确定采样时窗长度：

$$R = \frac{2H^{\frac{1}{2}}}{0.3} = 6.6H^{\frac{1}{2}}$$

例如：当介电常数为 9 F/m，探测深度为 1.5 m 时，时窗长度以选 32～35 ns 为宜。同时，目标体的反射信号应处在采样时窗的 1/3～2/3 范围内，避免将来信号处理可能造成的边缘干扰。

3. 采样点数

为了保证垂向上的高分辨率，采样点数在允许的情况下应尽量选大。对于不同的天线频率 F，不同的时窗长度 R，选择采样点数 S 应满足下列关系：

$$S \geqslant RF \times 10^{-8}$$

对于 400 MHz 天线，35 ns 采样时窗时，根据关系式要求每扫描道采样点数大于 140。采样点数越大，采集的数据质量越高，但同时也会影响采样速度。所以在保证大于最低采样点数的基础上，建议选择采样点数 256 或 512。如果没有采样速度的要求，为了获得更丰富的采样数据，应选择采样点数更高的 1024 或 2048。

4. 滤波设置

由于各种随机干扰和介质的不均匀性，天线接收到的反射回波变得很复杂，不易于处理和解释，因此现场检测时应设置滤波。滤波分为垂向滤波和水平滤波，垂向滤波又分为高通、低通和带通。对于雷达滤波，我们一般选择带通滤波器。低截频率设为天线频率1/6～1/8，即高于这个频率的信号能够通过被仪器接收；高截频率设为天线频率的2.0～2.5倍，低于这个频率的信号能够被接收。现场检测时，除了需要合理设置参数，同时也应核查现场标记是否准确，检测过程中始终让天线保持紧贴目标体，区分环境干扰波（见图7-6、图7-7），并作好记录等。只有每个环节都处理得当，才能采集到高质量的原始数据，为处理和解释工作打下基础。

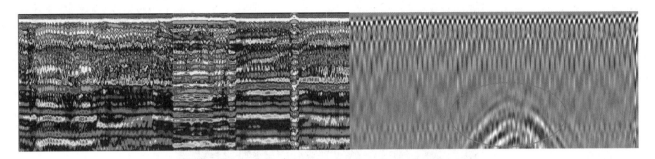

图7-6　天线未紧贴衬砌表面干扰图像　　　　图7-7　金属台车干扰状况

因为受到来自空中和地下的随机或规则的干扰，加上地下介质对电磁波不同程度的吸收以及地下介质本身的不均匀性等因素，使雷达图像变得复杂而难以解释。因此要对其进行适当的处理，如滤波、偏移等以压制各种干扰来提高雷达剖面的信噪比及分辨率。为了获得高分辨率的检测效果，对雷达数据一般采用如下方法进行常规处理。

5. 漂移去除

根据选定的基准点，进行左右信号的层位追踪，获得所有道数零点的相对大小。根据追踪结果得到任意道数据与基准点零线初至的时间差，由时间差把所有道数的零点校正到基准点上，以便于后期处理和解释。

6. 背景去除

地质雷达设备干扰比较稳定，在雷达剖面上这些干扰具有等时特点，具体表现为道间水平信号，视速度很高。当浅层反射能量较大时，对水平信号具有压制作用；但是当深部信号反射能量较弱时，水平干扰信号就压制有效信号。为此必须将这种水平干扰信号去除，才能清晰反映结构变换的反射信号。选取雷达剖面明显水平干扰信号地段，将该段的所有道数据求解平均值，这样有规则的水平信号得到加强，无规则的反射信号得到减弱。因此平均值可以认为是仪器内部造成的干扰信号，需要从雷达剖面所有数据道中去除。此时，把均值道作为仪器背景噪声，求取雷达剖面所有道与背景道之间的差，达到去除背景噪声的目的。进行背景去除时，选定区域如果包含强干扰信号或强有效信号，就有可能将非仪器造成的强信号叠加到背景信号中，进而叠加到所有处理的信号道数据中，造成假信号现象。为此，在选定背景区域时，要尽量避开非仪器产生的强信号。

7．信号增益

将深层弱信号和浅层强信号进行能量均衡处理，增强弱信号的显示能力。这种处理便于有效波的追踪，更利于弱信号的对比。

8．一维FIR滤波

地质雷达信号存在不同频率干扰，利用滤波处理可以压制干扰信号，提高剖面的信噪比。

9．小波分析法滤波

小波变换主要利用不同尺度对信号进行分解，根据尺度不同对信号进行观测。小尺度观测信号的细节，大尺度观测信号的全体。在具体应用上可以根据介质对雷达波信号的吸收不同，来选用不同尺度进行处理。为了能准确地解释雷达数据资料，提高检测精度，检测人员不仅应该掌握雷达检测知识，同时对隧道设计施工和现场工艺都应熟悉了解。图7-8所示为某隧道拱顶雷达探测波形。通过去噪滤波处理后，格栅反射非常明显，易于识别，能较准确地估算格栅间距，提高了检测精度。

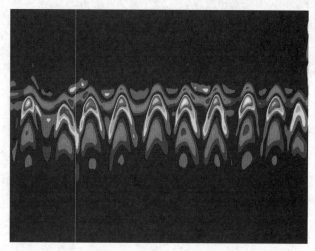

图7-8　钢架探测示意图

图7-9所示为某隧道拱部雷达探测波形。滤波处理后，发现多次反射波比较杂乱，判定为脱空，开孔验证证明衬砌背后存在空洞。

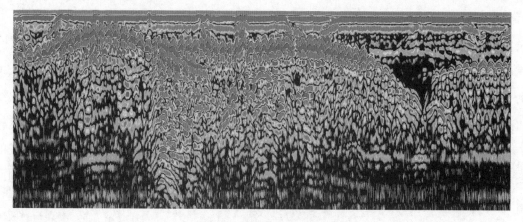

图7-9　脱空雷达图像

图7-10所示为某隧道边墙雷达探测波形，钢筋反射十分清晰，通过估算，钢筋数量与设计数量相符。

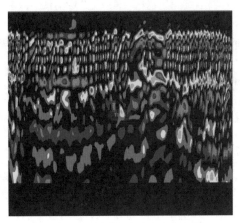

图7-10　边墙雷达探测波形

隧道围岩等级发生变化时，保存原采集数据，重新调整设计参数进行采集。检测过程中应尽量减少过往的车辆、其他设备及金属构件的干扰。在隧道二衬质量检测中，地质雷达能快速高效地对二衬混凝土进行连续扫描，从而对隧道二衬质量作出整体评价，且精度较高。然而由于混凝土介质的不均匀性以及现场的各种随机干扰，地质雷达的探测结果存在着一定的不确定性。如何从现场检测和数据处理入手，进一步提高地质雷达的解释精度，使检测结果从定性到定量，将是地质雷达在隧道衬砌质量检测中得到进一步应用的关键问题。

▶ 7.8　典型案例分析

7.8.1　典型波形判定特征

1. 钢筋

连续的小双曲线形强反射信号。当衬砌混凝土中存在钢筋时，将产生连续点状强反射信号，每一点信号代表一条钢筋，钢筋深度越小，点信号越清楚。

2. 钢拱架

分散的月牙形强反射信号。当混凝土中有钢拱架，将出现特别强的月牙形反射信号，每一信号表示有一榀钢拱架。

3. 密实

信号幅度较弱，甚至没有界面反射信号。

4. 不密实

衬砌界面的强反射信号同相轴呈绕射弧形，且不连续，较分散。当混凝土不密实，就会有多个界面对电磁波多次反射，在地质雷达剖面图上波形杂乱，同相轴错断。如果雷达剖面图上出现零乱、不连续的强反射能量团块（条带）状异常，那就是衬砌层中的不密实处。

5. 空洞

衬砌界面反射信号强，三振相明显，在其下部仍有强反射界面信号，两组信号时程差较大。当衬砌背后出现明显的空隙或空洞时，由于空气与混凝土介电常数差别较大，衬砌界面反射信号明显增强，在雷达剖面图上就会呈现"双曲线"状反射异常。当空洞不大时，波形出现多次反射，有明显的波形叠加现象，空洞顶界面不易识别。当空洞比较大时，围岩界面、空洞顶界面清晰可见，并且在顶底界面之间无明显反射。

6. 界面判定

界面分为无空界面和有空界面之分。无空界面是指衬砌背后无空隙，混凝土与围岩密贴较好，此时界面清晰程度取决于混凝土与围岩粘贴紧密程度以及介电常数差异大小，反射强度不是很大，信号较弱，不易清晰识别界面位置。有空界面是指衬砌背后回填不密实，混凝土与围岩之间有空隙，电磁波在混凝土与空气之间以及空气与围岩之间产生强反射信号，界面容易识别。

7.8.2 典型波形图像

衬砌检测图像及相应解释见表7-1。

表7-1 隧道检测常见的内部缺陷及钢筋、拱架分布雷达图像

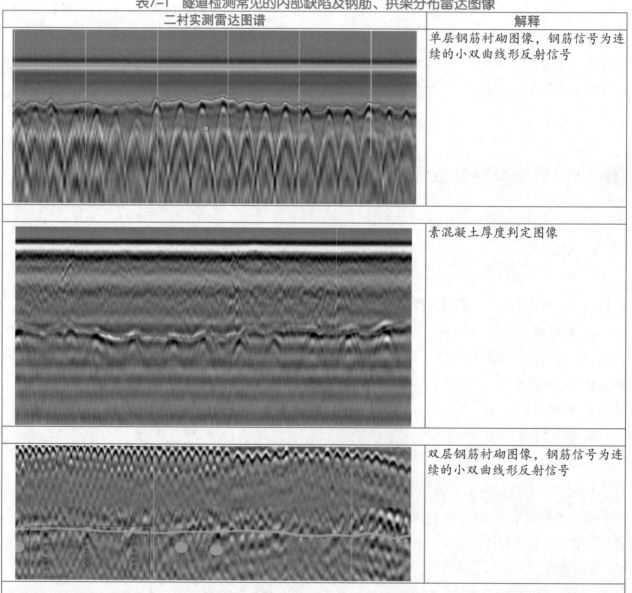

二衬实测雷达图谱	解释
	单层钢筋衬砌图像，钢筋信号为连续的小双曲线形反射信号
	素混凝土厚度判定图像
	双层钢筋衬砌图像，钢筋信号为连续的小双曲线形反射信号

待续

续表

二衬实测雷达图谱	解释
钢筋混凝土可通过拱架来判定衬砌厚度	
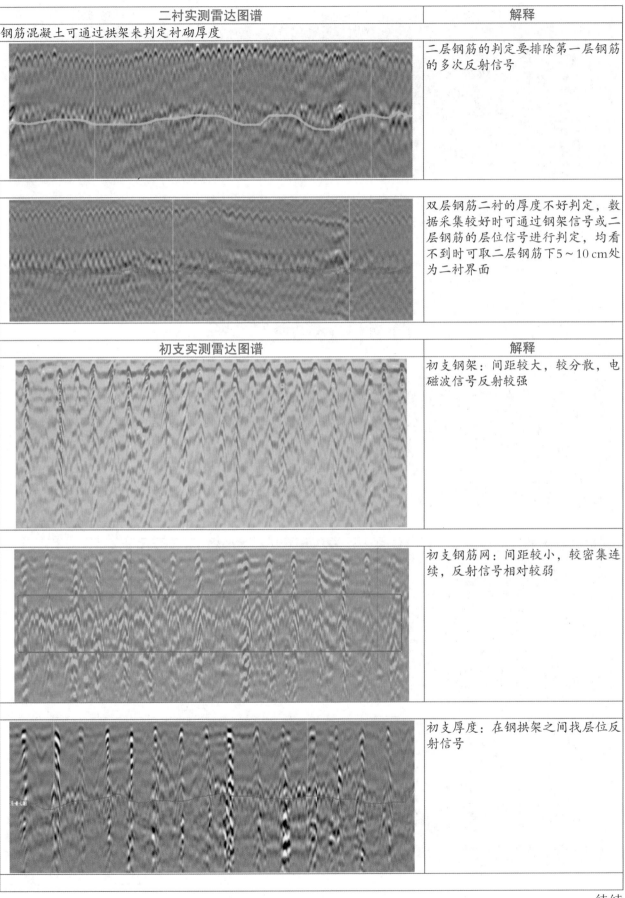	二层钢筋的判定要排除第一层钢筋的多次反射信号
	双层钢筋二衬的厚度不好判定，数据采集较好时可通过钢架信号或二层钢筋的层位信号进行判定，均看不到时可取二层钢筋下5～10 cm处为二衬界面
初支实测雷达图谱	解释
	初支钢架：间距较大，较分散，电磁波信号反射较强
	初支钢筋网：间距较小，较密集连续，反射信号相对较弱
	初支厚度：在钢拱架之间找层位反射信号

待续

续表

隧道检测常见的缺陷波形特征图	解释
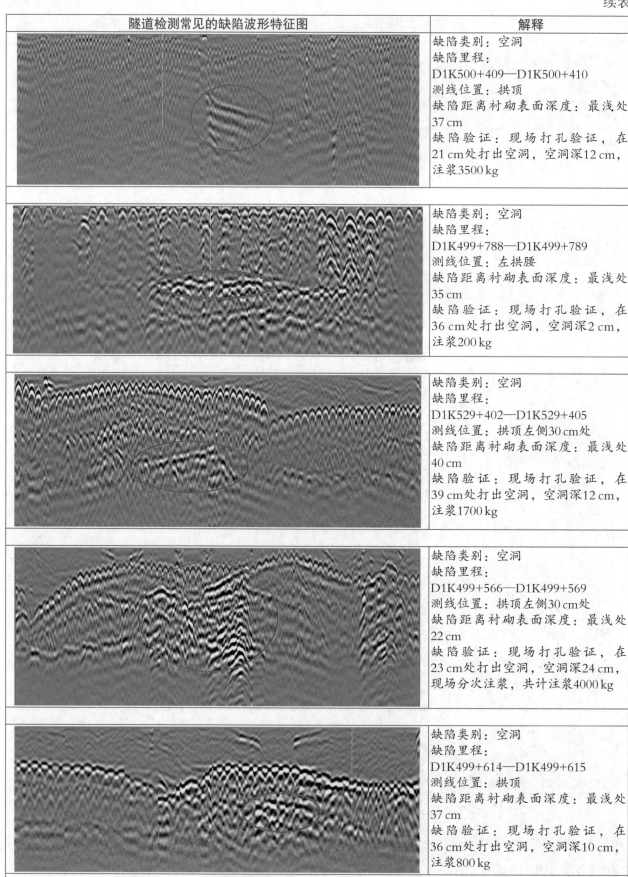	缺陷类别：空洞 缺陷里程： D1K500+409—D1K500+410 测线位置：拱顶 缺陷距离衬砌表面深度：最浅处37 cm 缺陷验证：现场打孔验证，在21 cm处打出空洞，空洞深12 cm，注浆3500 kg
	缺陷类别：空洞 缺陷里程： D1K499+788—D1K499+789 测线位置：左拱腰 缺陷距离衬砌表面深度：最浅处35 cm 缺陷验证：现场打孔验证，在36 cm处打出空洞，空洞深2 cm，注浆200 kg
	缺陷类别：空洞 缺陷里程： D1K529+402—D1K529+405 测线位置：拱顶左侧30 cm处 缺陷距离衬砌表面深度：最浅处40 cm 缺陷验证：现场打孔验证，在39 cm处打出空洞，空洞深12 cm，注浆1700 kg
	缺陷类别：空洞 缺陷里程： D1K499+566—D1K499+569 测线位置：拱顶左侧30 cm处 缺陷距离衬砌表面深度：最浅处22 cm 缺陷验证：现场打孔验证，在23 cm处打出空洞，空洞深24 cm，现场分次注浆，共计注浆4000 kg
	缺陷类别：空洞 缺陷里程： D1K499+614—D1K499+615 测线位置：拱顶 缺陷距离衬砌表面深度：最浅处37 cm 缺陷验证：现场打孔验证，在36 cm处打出空洞，空洞深10 cm，注浆800 kg

待续

续表

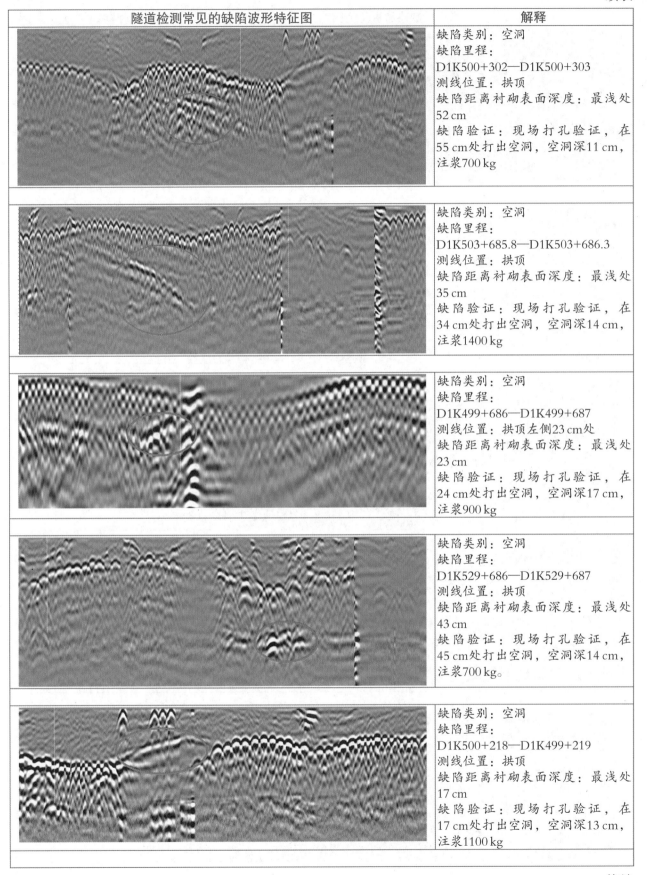

隧道检测常见的缺陷波形特征图	解释
	缺陷类别：空洞 缺陷里程： D1K500+302—D1K500+303 测线位置：拱顶 缺陷距离衬砌表面深度：最浅处52 cm 缺陷验证：现场打孔验证，在55 cm处打出空洞，空洞深11 cm，注浆700 kg
	缺陷类别：空洞 缺陷里程： D1K503+685.8—D1K503+686.3 测线位置：拱顶 缺陷距离衬砌表面深度：最浅处35 cm 缺陷验证：现场打孔验证，在34 cm处打出空洞，空洞深14 cm，注浆1400 kg
	缺陷类别：空洞 缺陷里程： D1K499+686—D1K499+687 测线位置：拱顶左侧23 cm处 缺陷距离衬砌表面深度：最浅处23 cm 缺陷验证：现场打孔验证，在24 cm处打出空洞，空洞深17 cm，注浆900 kg
	缺陷类别：空洞 缺陷里程： D1K529+686—D1K529+687 测线位置：拱顶 缺陷距离衬砌表面深度：最浅处43 cm 缺陷验证：现场打孔验证，在45 cm处打出空洞，空洞深14 cm，注浆700 kg。
	缺陷类别：空洞 缺陷里程： D1K500+218—D1K499+219 测线位置：拱顶 缺陷距离衬砌表面深度：最浅处17 cm 缺陷验证：现场打孔验证，在17 cm处打出空洞，空洞深13 cm，注浆1100 kg

待续

续表

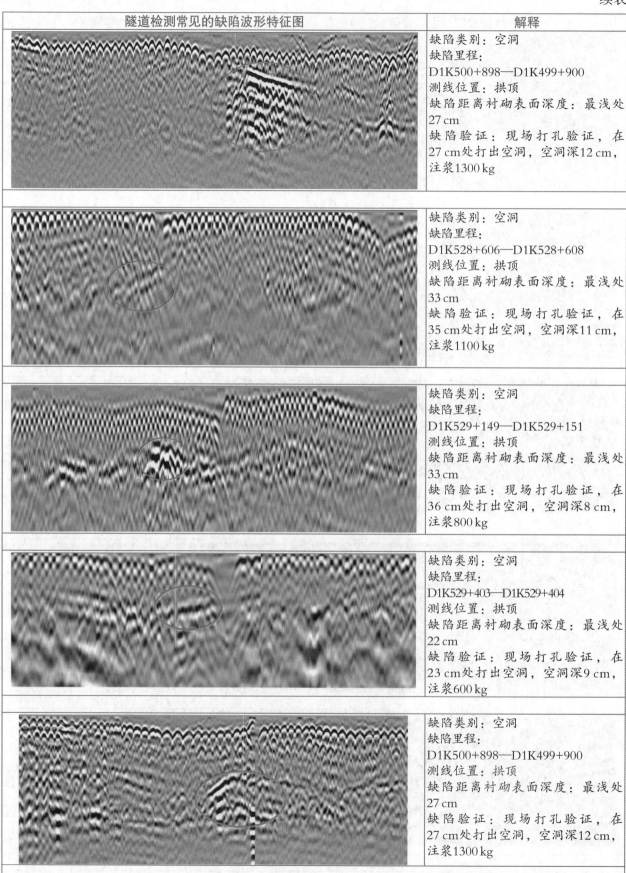

隧道检测常见的缺陷波形特征图	解释
	缺陷类别：空洞 缺陷里程： D1K500+898—D1K499+900 测线位置：拱顶 缺陷距离衬砌表面深度：最浅处27 cm 缺陷验证：现场打孔验证，在27 cm处打出空洞，空洞深12 cm，注浆1300 kg
	缺陷类别：空洞 缺陷里程： D1K528+606—D1K528+608 测线位置：拱顶 缺陷距离衬砌表面深度：最浅处33 cm 缺陷验证：现场打孔验证，在35 cm处打出空洞，空洞深11 cm，注浆1100 kg
	缺陷类别：空洞 缺陷里程： D1K529+149—D1K529+151 测线位置：拱顶 缺陷距离衬砌表面深度：最浅处33 cm 缺陷验证：现场打孔验证，在36 cm处打出空洞，空洞深8 cm，注浆800 kg
	缺陷类别：空洞 缺陷里程： D1K529+403—D1K529+404 测线位置：拱顶 缺陷距离衬砌表面深度：最浅处22 cm 缺陷验证：现场打孔验证，在23 cm处打出空洞，空洞深9 cm，注浆600 kg
	缺陷类别：空洞 缺陷里程： D1K500+898—D1K499+900 测线位置：拱顶 缺陷距离衬砌表面深度：最浅处27 cm 缺陷验证：现场打孔验证，在27 cm处打出空洞，空洞深12 cm，注浆1300 kg

待续

续表

隧道检测常见的缺陷波形特征图	解释
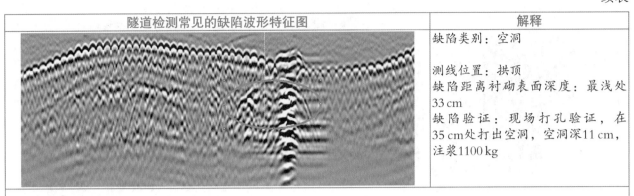	缺陷类别：空洞 测线位置：拱顶 缺陷距离衬砌表面深度：最浅处33 cm 缺陷验证：现场打孔验证，在35 cm处打出空洞，空洞深11 cm，注浆1100 kg

通过雷达检测图像能够判定出构筑物里面有缺陷存在，但是真实的内部情况还需要破检得出结论，表7-2所列是一些雷达图像与破检后利用内窥镜观测到的对比照片。

表7-2 缺陷验证及现场破检实例附图

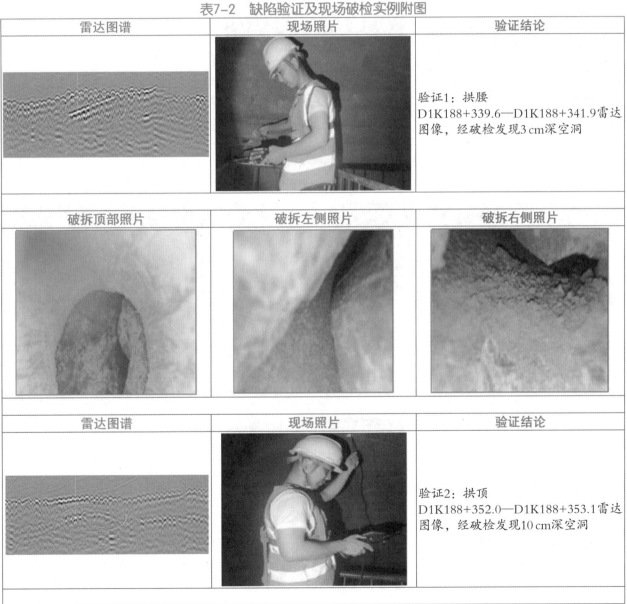

雷达图谱	现场照片	验证结论
		验证1：拱腰 D1K188+339.6—D1K188+341.9雷达图像，经破检发现3 cm深空洞
破拆顶部照片	破拆左侧照片	破拆右侧照片
雷达图谱	现场照片	验证结论
		验证2：拱顶 D1K188+352.0—D1K188+353.1雷达图像，经破检发现10 cm深空洞

待续

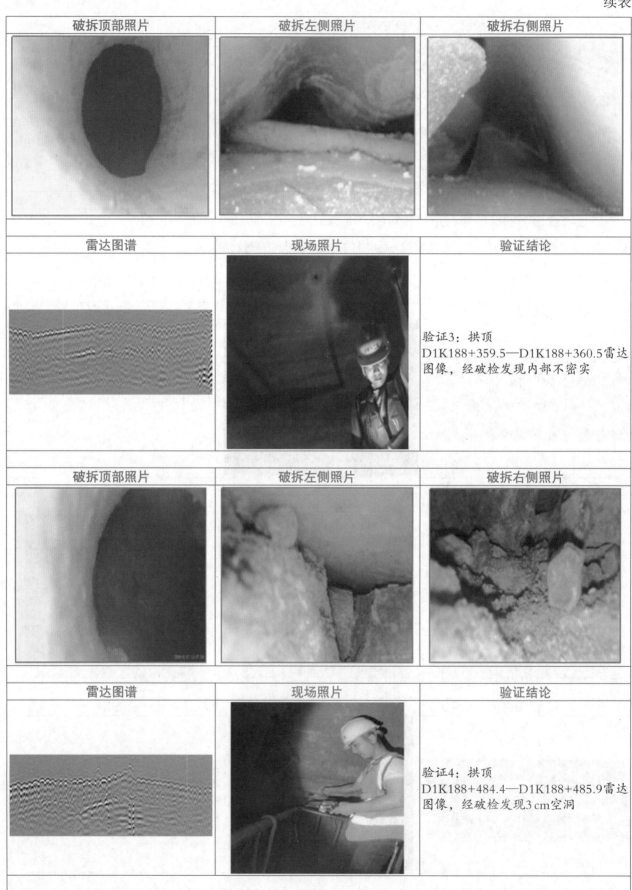

破拆顶部照片	破拆左侧照片	破拆右侧照片

雷达图谱	现场照片	验证结论
		验证3：拱顶 D1K188+359.5—D1K188+360.5雷达图像，经破检发现内部不密实

破拆顶部照片	破拆左侧照片	破拆右侧照片

雷达图谱	现场照片	验证结论
		验证4：拱顶 D1K188+484.4—D1K188+485.9雷达图像，经破检发现3 cm空洞

待续

续表

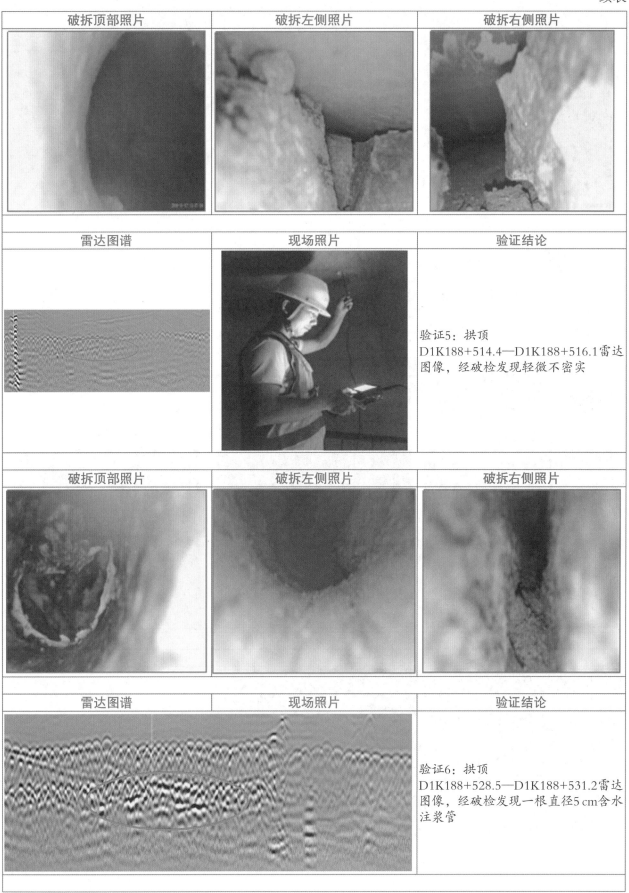

破拆顶部照片	破拆左侧照片	破拆右侧照片

雷达图谱	现场照片	验证结论
		验证5：拱顶 D1K188+514.4—D1K188+516.1雷达图像，经破检发现轻微不密实

破拆顶部照片	破拆左侧照片	破拆右侧照片

雷达图谱	现场照片	验证结论
		验证6：拱顶 D1K188+528.5—D1K188+531.2雷达图像，经破检发现一根直径5 cm含水注浆管

待续

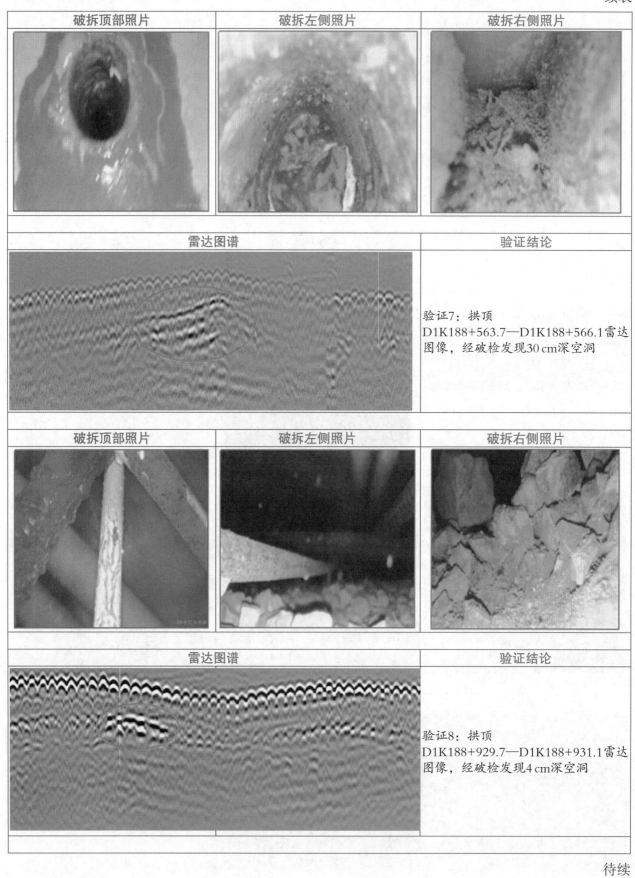

破拆顶部照片	破拆左侧照片	破拆右侧照片

雷达图谱	验证结论
	验证7：拱顶 D1K188+563.7—D1K188+566.1雷达图像，经破检发现30 cm深空洞

破拆顶部照片	破拆左侧照片	破拆右侧照片

雷达图谱	验证结论
	验证8：拱顶 D1K188+929.7—D1K188+931.1雷达图像，经破检发现4 cm深空洞

待续

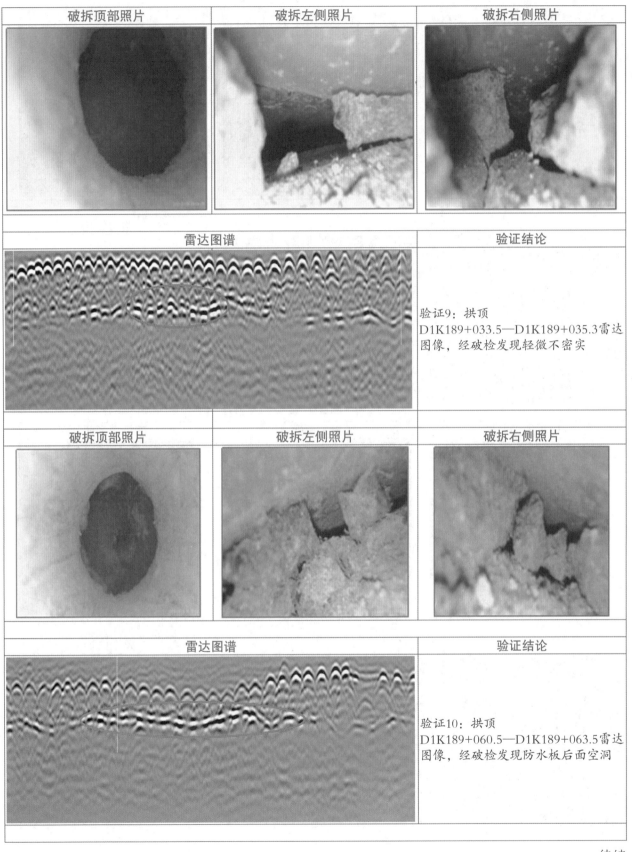

破拆顶部照片	破拆左侧照片	破拆右侧照片

雷达图谱	验证结论
	验证9：拱顶 D1K189+033.5—D1K189+035.3雷达图像，经破检发现轻微不密实

破拆顶部照片	破拆左侧照片	破拆右侧照片

雷达图谱	验证结论
	验证10：拱顶 D1K189+060.5—D1K189+063.5雷达图像，经破检发现防水板后面空洞

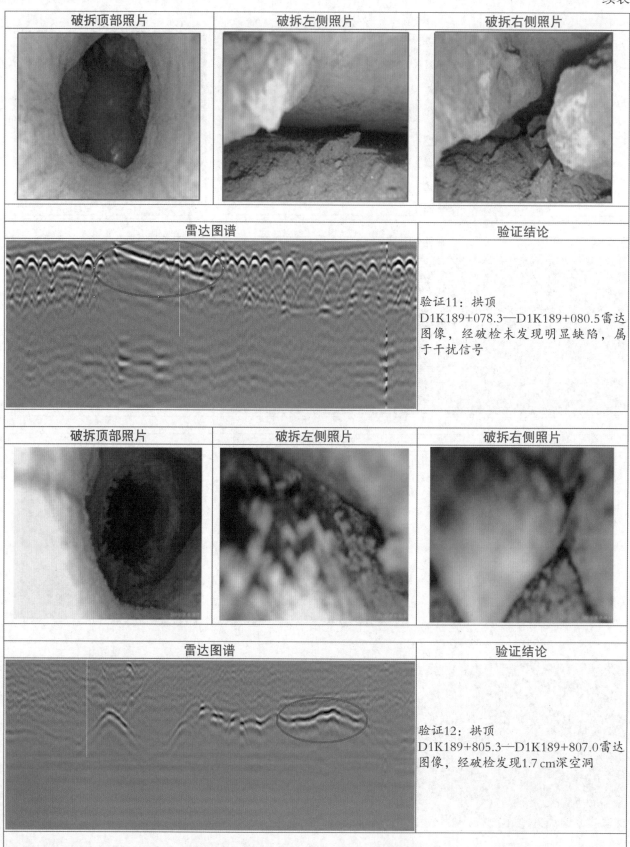

破拆顶部照片	破拆左侧照片	破拆右侧照片

雷达图谱	验证结论
	验证11：拱顶 D1K189+078.3—D1K189+080.5雷达图像，经破检未发现明显缺陷，属于干扰信号

破拆顶部照片	破拆左侧照片	破拆右侧照片

雷达图谱	验证结论
	验证12：拱顶 D1K189+805.3—D1K189+807.0雷达图像，经破检发现1.7 cm深空洞

待续

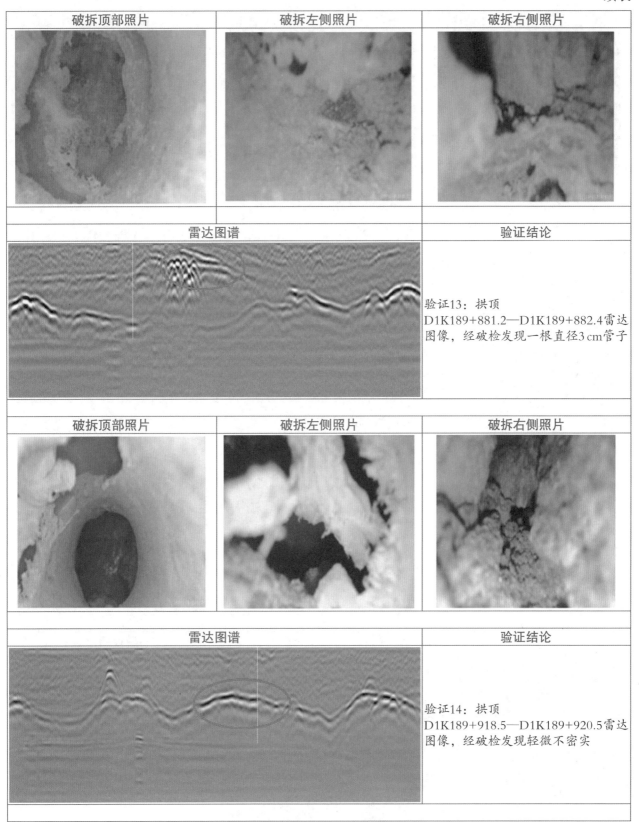

破拆顶部照片	破拆左侧照片	破拆右侧照片

雷达图谱	验证结论
	验证13：拱顶 D1K189+881.2—D1K189+882.4雷达图像，经破检发现一根直径3 cm管子

破拆顶部照片	破拆左侧照片	破拆右侧照片

雷达图谱	验证结论
	验证14：拱顶 D1K189+918.5—D1K189+920.5雷达图像，经破检发现轻微不密实

待续

续表

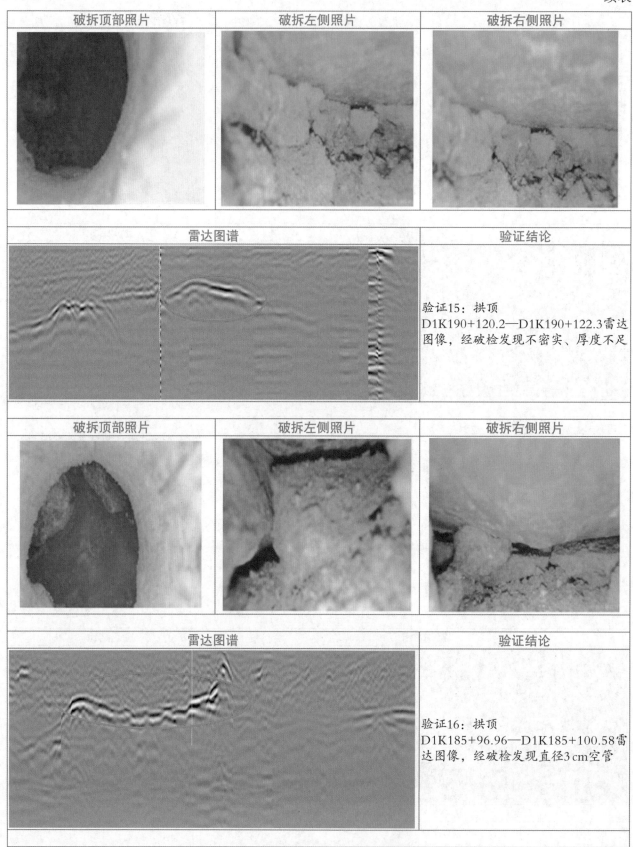

破拆顶部照片	破拆左侧照片	破拆右侧照片

雷达图谱	验证结论
	验证15：拱顶 D1K190+120.2—D1K190+122.3雷达图像，经破检发现不密实、厚度不足

破拆顶部照片	破拆左侧照片	破拆右侧照片

雷达图谱	验证结论
	验证16：拱顶 D1K185+96.96—D1K185+100.58雷达图像，经破检发现直径3cm空管

待续

续表

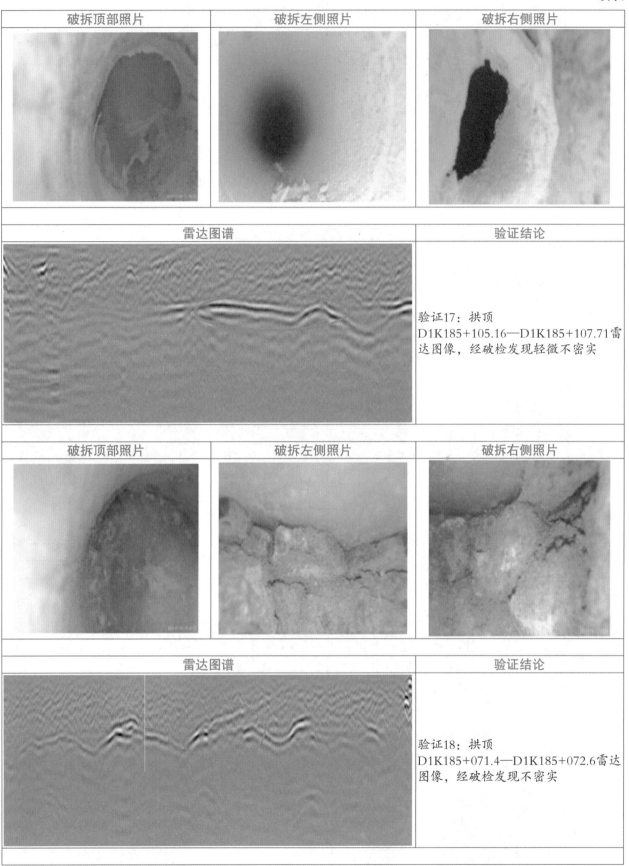

破拆顶部照片	破拆左侧照片	破拆右侧照片

雷达图谱	验证结论
	验证17：拱顶 D1K185+105.16—D1K185+107.71雷达图像，经破检发现轻微不密实

破拆顶部照片	破拆左侧照片	破拆右侧照片

雷达图谱	验证结论
	验证18：拱顶 D1K185+071.4—D1K185+072.6雷达图像，经破检发现不密实

待续

续表

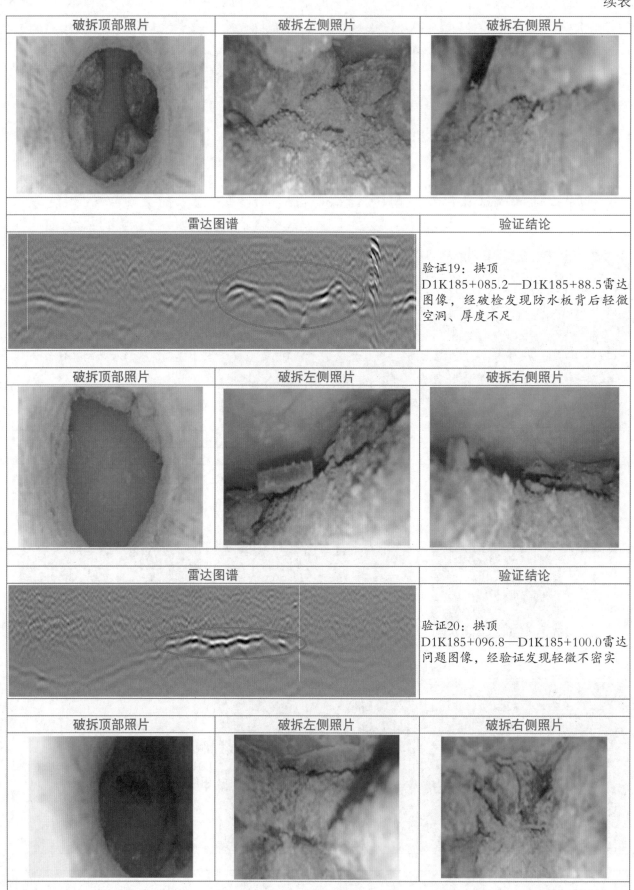

| 破拆顶部照片 | 破拆左侧照片 | 破拆右侧照片 |

| 雷达图谱 | 验证结论 |

验证19：拱顶
D1K185+085.2—D1K185+88.5雷达图像，经破检发现防水板背后轻微空洞、厚度不足

| 破拆顶部照片 | 破拆左侧照片 | 破拆右侧照片 |

| 雷达图谱 | 验证结论 |

验证20：拱顶
D1K185+096.8—D1K185+100.0雷达问题图像，经验证发现轻微不密实

| 破拆顶部照片 | 破拆左侧照片 | 破拆右侧照片 |

待续

续表

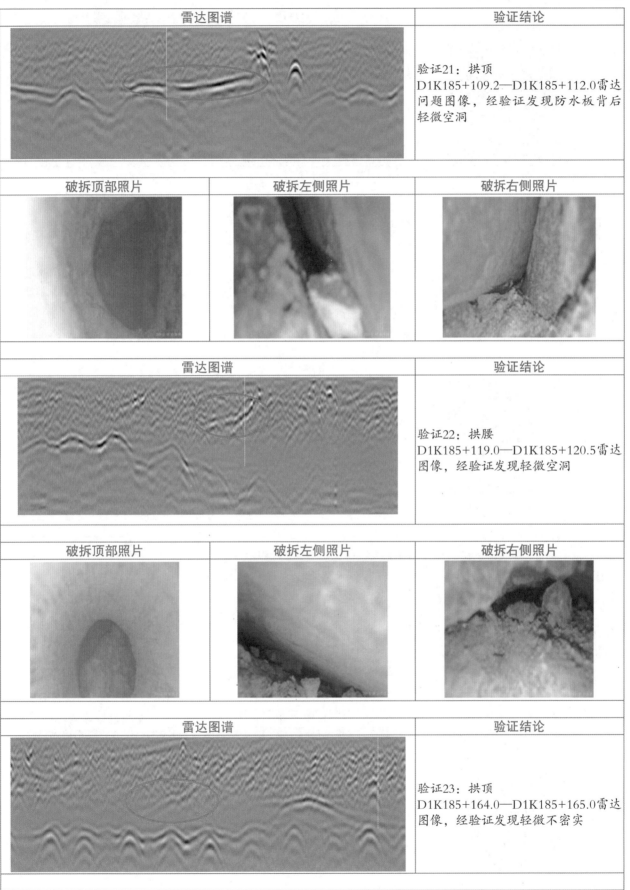

雷达图谱	验证结论
	验证21：拱顶 D1K185+109.2—D1K185+112.0雷达问题图像，经验证发现防水板背后轻微空洞

破拆顶部照片	破拆左侧照片	破拆右侧照片

雷达图谱	验证结论
	验证22：拱腰 D1K185+119.0—D1K185+120.5雷达图像，经验证发现轻微空洞

破拆顶部照片	破拆左侧照片	破拆右侧照片

雷达图谱	验证结论
	验证23：拱顶 D1K185+164.0—D1K185+165.0雷达图像，经验证发现轻微不密实

待续

续表

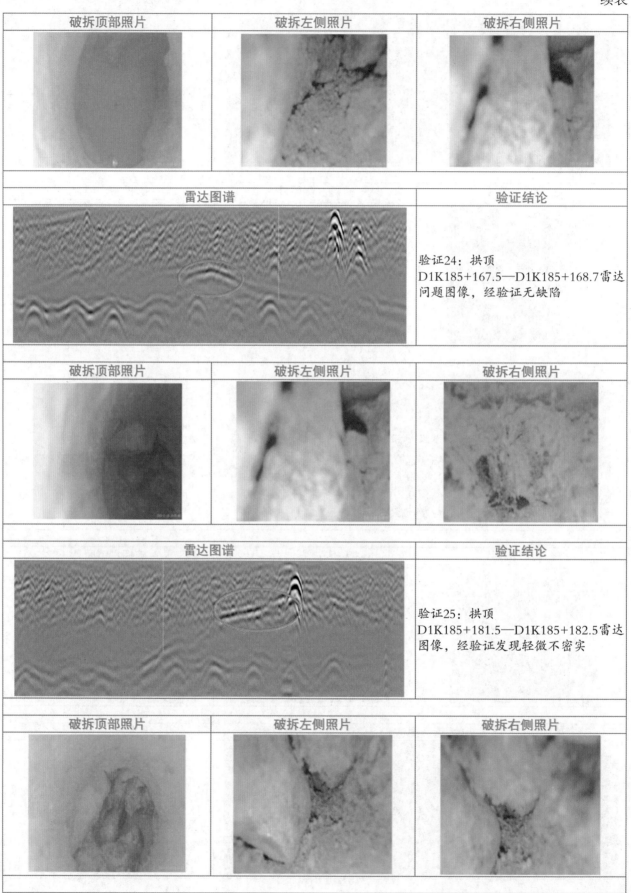

破拆顶部照片	破拆左侧照片	破拆右侧照片

雷达图谱	验证结论
	验证24：拱顶 D1K185+167.5—D1K185+168.7雷达问题图像，经验证无缺陷

破拆顶部照片	破拆左侧照片	破拆右侧照片

雷达图谱	验证结论
	验证25：拱顶 D1K185+181.5—D1K185+182.5雷达图像，经验证发现轻微不密实

破拆顶部照片	破拆左侧照片	破拆右侧照片

待续

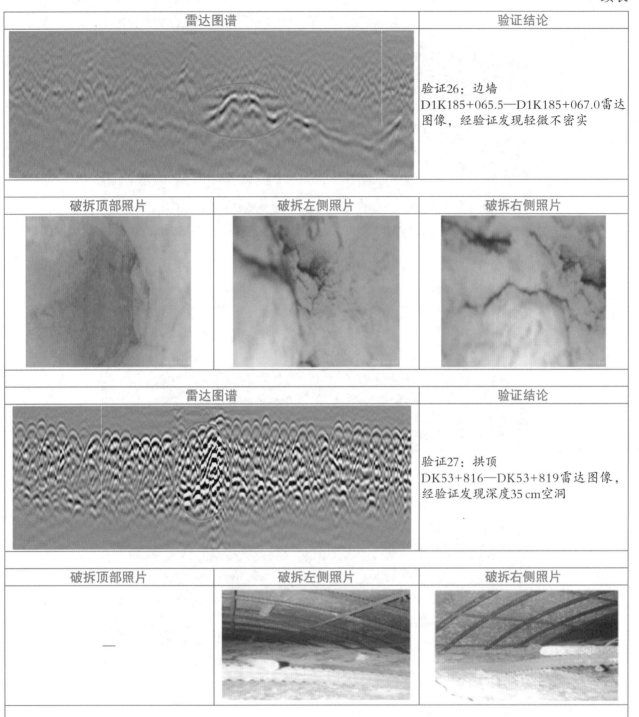

雷达图谱	验证结论
	验证26：边墙 D1K185+065.5—D1K185+067.0雷达图像，经验证发现轻微不密实

破拆顶部照片	破拆左侧照片	破拆右侧照片

雷达图谱	验证结论
	验证27：拱顶 DK53+816—DK53+819雷达图像，经验证发现深度35 cm空洞

破拆顶部照片	破拆左侧照片	破拆右侧照片
—		

衬砌端头是空洞存在的高发部位，此处应谨慎检测、分析，图7-11至7-27为衬砌端头空洞的现场验证图像。

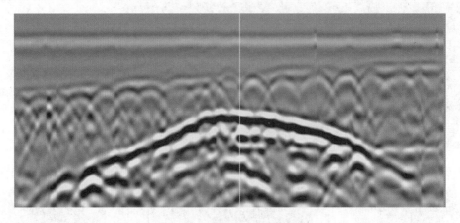

图7-11　拱顶空洞纵向检测范围图像

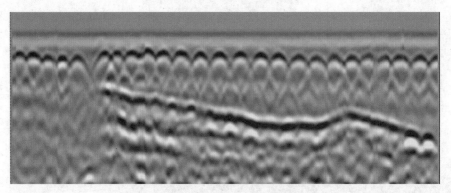

图7-12　拱顶空洞横向检测范围图像

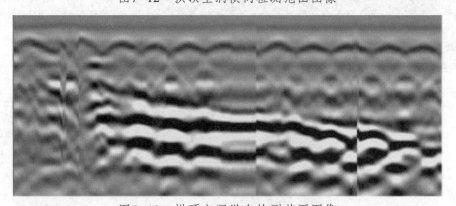

图7-13　拱顶空洞纵向检测范围图像

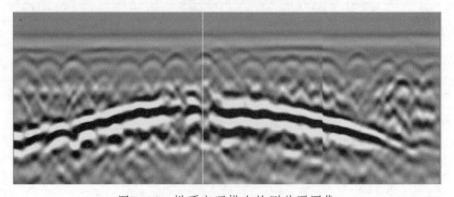

图7-14　拱顶空洞横向检测范围图像

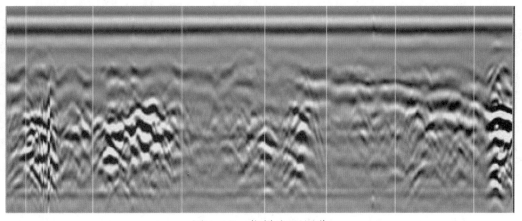

图7-15　仰拱空洞图像

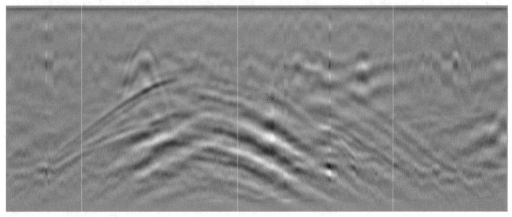

图7-16　仰拱检测由于数据采集时右方有车辆通过导致图像出现异常信号

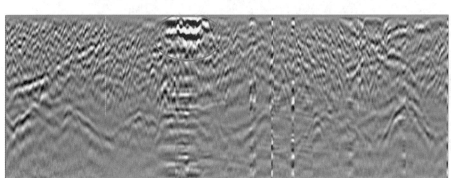

图7-17　衬砌中不密实信号图

图7-18　现场实际破检图像

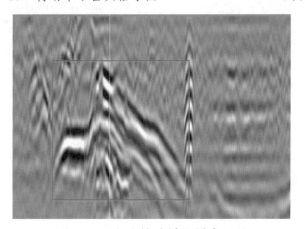

图7-19　空洞导致衬砌厚度不足

101

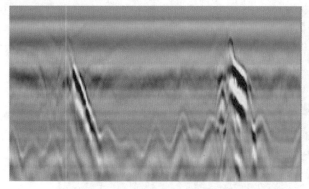
图7-20 初支检测中出现的空洞问题

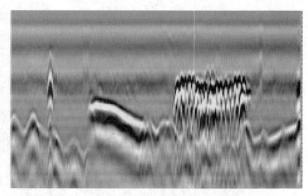
图7-21 初支检测中出现的空洞及不密实问题

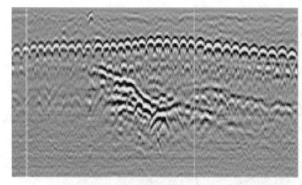
图7-22 检测双层钢筋混凝土出现的空洞信号图

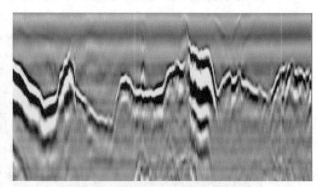
图7-23 初支与围岩分界面处出现的空洞信号图

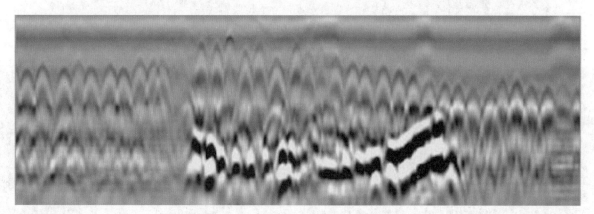
图7-24 钢筋背后出现的空洞信号图

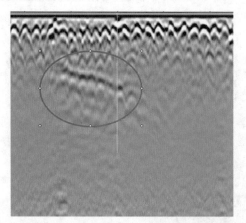
图7-25 检测单层钢筋混凝土出现的不密实信号图

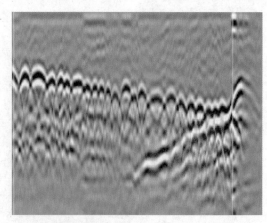
图7-26 衬砌端头处出现的空洞信号图

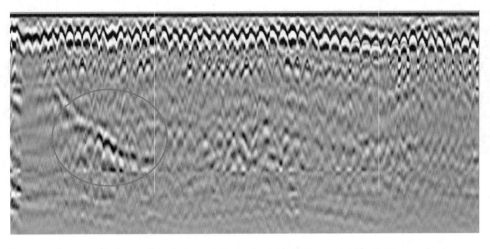

图7-27　衬砌背后防水板位置出现的不密实信号图

　　空洞：衬砌界面反射信号强，三振相明显，信号多呈现三角形、长条形、镰刀形特征，反射信号较强。检测时由于现场环境和人为等因素，导致图像采集时会出现一些假性信号，要注意分辨真假信号。图7-28到7-31为经常出现的一些假性信号波形图。

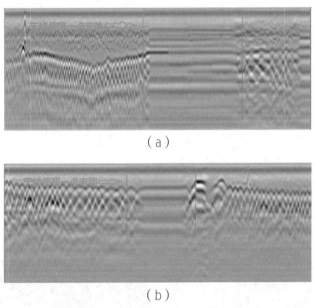

（a）

（b）

图7-28　时间采集时天线的短暂停留

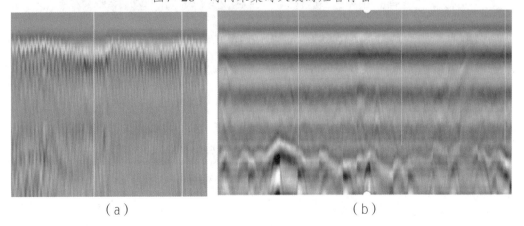

（a）　　　　　　　　　　（b）

图7-29　天线移动速度过快

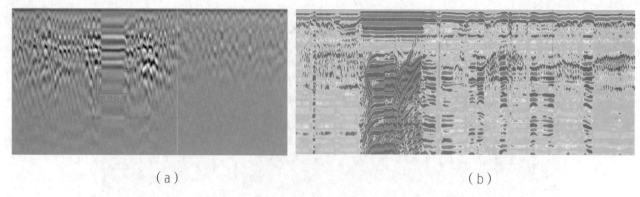

（a）　　　　　　　　　　　　　　　（b）

图7-30　检测时天线未贴紧检测面

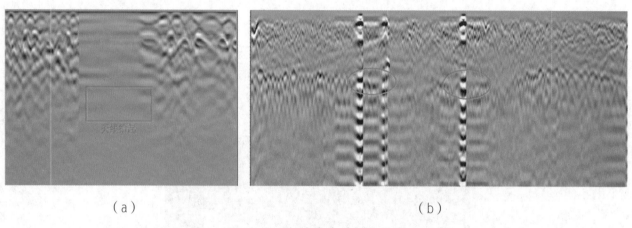

（a）　　　　　　　　　　　　　　　（b）

图7-31　检测时受到电线干扰

▶7.9　现场检测照片

现场检测照片见图7-32至图7-37。

图7-32　400MHz天线检测仰拱　　　图7-33　400MHz天线检测边墙

图7-34　400MHz天线检测拱腰

图7-35　400MHz天线检测拱腰

图7-36　400MHz天线检测拱顶

图7-37　400MHz天线检测拱顶

　　由于现场环境复杂，同时又需要采集良好的雷达数据，工作者们各显神通，针对自身复杂的检测环境，在保证安全的情况下发明了形式各样的检测"神车"，见图7-38到7-48。

（a）

（b）

图7-38　单洞双线隧道检测车正在进行拱腰检测

图7-39 单洞双线隧道在台车上检测拱腰

图7-40 单洞单线隧道在装载机上检测初支

（a）

（b）

图7-41 铺轨后的单洞双线隧道用微型检测车和简易检测支架进行检测

（a）

（b）

图7-42 单洞单线隧道铺轨后制作简易检测台架在轨道上检测

（a）　　　　　　　　　　　（b）

图7-43　单洞双线隧道铺轨后制作简易检测支架在轨道上检测

（a）　　　　　　　　　　　（b）

图7-44　单洞双线隧道装载机制作可伸缩式检测支架检测拱顶

（a）　　　　　　　　　　　（b）

图7-45　轨道检测车可在隧道通车后进行检测

（a）　　　　　　　　　　　　　　（b）

图7-46　检测车在公路隧道检测

（a）　　　　　　　　　　　　　　（b）

（c）　　　　　　　　　　　　　　（d）

图7-47　目前隧道检测最为常见的装载机焊接检测架，可根据隧道情况来进行改造

（a）　　　　　　　　　　　（b）

图7-48　装载机焊接检测架在隧道检测

▶7.10　探地雷达比对

7.10.1　地质雷达检测技术概况

地质雷达检测的精确度能否达到规定的要求，是人们一直关心的问题。应该说，应用地质雷达检测隧道衬砌质量，其精确度完全可以满足要求。但是地质雷达所面对的是十分复杂的对象，有很多未知不定的因素，如参数设置、天线方向、介质的物理性质、工作频率等都在不同程度上影响着检测结果。因此，正确的操作，合理的使用，综合的分析，才能减少误差。

隧道衬砌质量检测时，除仪器本身的系统误差外，现场检测和室内分析时的一些因素和环节都将产生误差。现场检测时，可能带来误差的主要环节有：仪器参数设置、隧道里程标记、检测作业车速度控制、衬砌表面的平整度及障碍物情况、天线与衬砌表面的接触效果等。室内数据处理时，需要确定反射界面的回波、衬砌表面零点和介质的介电常数。能否正确地确定这些参数，会直接影响探测的精确性。室内分析时可能带来误差的主要环节有：原始数据文件编辑、数据均衡、背景去除、滤波、人工判读、结果输出等。

地质雷达探测随着铁路项目红线检查要求越来越严。为加强施工过程质量检验与控制，规范地质雷达检测行为，促进检测标准化建设，可开展地质雷达检测人员能力比对活动。通过技术比对摸底各个检测单位的技术水平，保证雷达检测数据的准确性，提升雷达检测人员检验检测的能力和水平，进一步统一采集数据质量，规范数据处理流程，确定报告描述的标准尺度，时刻把握底线原则。

7.10.2　比对方案

1. 比对背景

地质雷达在衬砌质量检测中存在的误差是不可避免的，分析误差来源对减少误差是十分必要的。在检测分析中，从误差来源来看，主要有速度误差、水平距离标记误差、回填情况误差、零时误差及回波干涉误差等；从检测成果来看，主要有衬砌厚度计算误差、空洞或回填松散区范围判释误差、里程定位误差及缺陷描述的误判。下面主要按检测成果的误判、误差进行论述。

2. 误差分析

1）衬砌厚度计算误差

探地雷达探测分辨能力与所采用天线的工作频率有关，工作频率越低，探测深度越大，分辨能力越低；而工作频率越高，探测深度越小，分辨能力越高。当工作频率一定时，探测深度与场地介质的电阻有关：电阻率越大，探测深度越小；电阻率越小，探测深度越小。从理论与实验的结果可知，当介质厚度大于子波波长的四分之一时，可被地质雷达分辨出。例如中心频率为400 MHz天线，混凝土介质中的雷达波长为0.25 m（取混凝土雷达波速的平均值0.1 m/ns），若以四分之一波长为其纵向分辨力，则在纵向上可分辨出的探测目的层的最小厚度为6～7 cm，这完全可以满足隧道衬砌厚度检测的要求。衬砌厚度计算误差主要来源于电磁波速度变化和界面判识的准确度。一座隧道内，衬砌混凝土的标号和密实程度、路面材料、结构变化、施工工艺、含水量、环境等因素，都会引起介电常数差别。因此，介电常数在一定范围内会有变化。

经实际使用验证，如果钻孔取样点选择在探测图像中比较清晰、均匀、有代表性的地段以及最厚和最薄的特殊点，这样可选择出最适合的介电常数值，厚度检测的效果良好，探测隧道衬砌的绝对误差可控制在5 cm以内。

2）空洞或不密实区深度范围误差

采用地质雷达进行衬砌质量检测时，从接收天线直接收到的回波信号，是一个很复杂的含有多种成分的时域波形，这其中主要包括：天线本身的直接耦合干扰，天线及天线对发射源的反射干扰，衬砌表面的反射波，衬砌表面与天线间的多次反射波，天线与衬砌表面匹配特性变化带来的干扰，衬砌表面与衬砌界面间的多次反射波，衬砌表面与围岩之间界面的反射特性等。由于目前受硬件和软件技术水平的限制，还不能从原始波形中直接明显地区分衬砌界面、松散区和空洞等界面的反射回波。衬砌背后的空洞、回填松散区一般含有空气或水，二者与混凝土介质电性差异较大。电性差异越大，反射信号越明显，易于判读。根据反射波形态，可判释出空洞、回填松散的形态。空洞或回填松散区深度范围误差主要源于空洞或回填松散区界面（第二层界面）反射波的强弱、干扰波的大小、判识者的经验。在雷达剖面上，由人工或由计算机拾取反射波双程走向，由于对反射波起跳点识别不精确产生时间拾取上的误差。经实际钻孔验证，空洞及回填松散区的界面深度范围判释误差一般在20%以内，判释准确率在80%以上。为减少误差，提高检测精度，一方面要不断积累现场检测和室内分析经验，另一方面要采用多种探测方法，结合各种资料，进行综合对比分析，才能得出更为精确可靠的结果。

7.10.3 比对目的

探地雷达探测随着铁路项目红线检查要求越来越严，雷达检测工作变得越来越重要。为加强施工过程质量检验与控制，规范雷达检测行为，促进检测标准化建设，保证雷达检测数据的准确性，提升雷达检测人员的检验检测能力和水平，进一步统一采集数据质量，规范数据处理流程，确定报告描述的标准尺度，时刻把握底线原则，举办了2019年度雷达检测人员能力比对活动。

7.10.4　比对实施计划

1. 样品说明

1）混凝土构筑物长20 m，宽0.8 m，高1.0 m，四根桩基础尺寸为0.5 m×0.5 m×1.5 m，检测区域分为A、B区域，详情见图7-49。

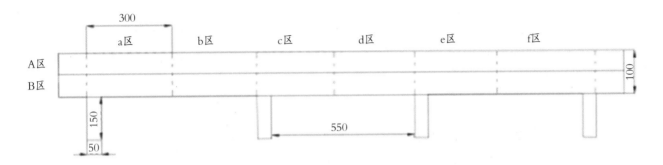

图7-49　混凝土构筑物平面图（图中尺寸均为cm）

2）混凝土构筑物A区、B区共有缺陷6处，缺陷类型为空洞2处，不密实两处，综合缺陷两处，以上缺陷实际高度为20 cm，具体分布情况见图7-50。

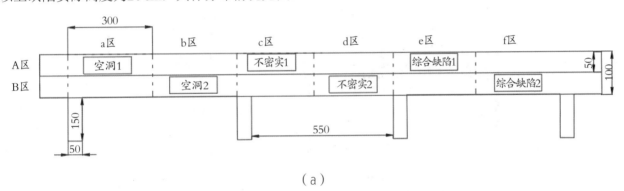

（a）

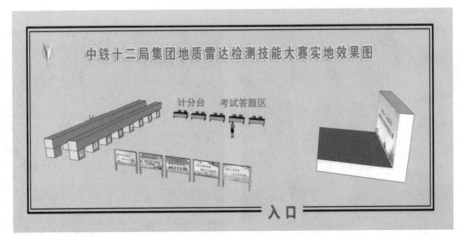

（b）

图7-50　混凝土构筑物缺陷类型平面图、比对场地效果图（图中尺寸均为cm）

3）混凝土构筑物缺陷问题具体为，缺陷不密实1处填充物为塑料球，缺陷不密实2填充物为泡沫，综合缺陷1处填充物为空气，综合缺陷2处填充物为砂石料，具体尺寸见图7-51。

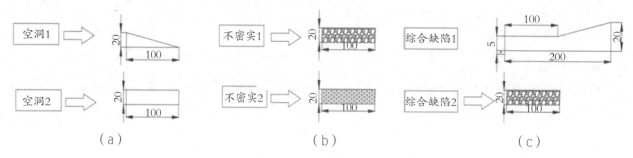

图7-51 混凝土构筑物缺陷问题俯视图（图中尺寸均为cm）

4）混凝土构筑物钢筋分布为，a、b、c、d区钢筋布置相同，e、f区钢筋布置相同，具体尺寸见图7-52。

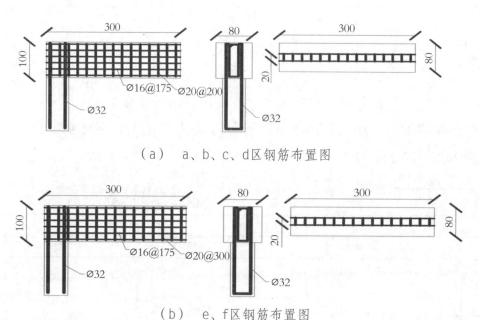

（a） a、b、c、d区钢筋布置图

（b） e、f区钢筋布置图

图7-52 混凝土构筑物钢筋分布图（图中钢筋布置尺寸均为mm，长度标记单位为cm）

2. 比对缺陷现场制作（见图7-53至图7-58）

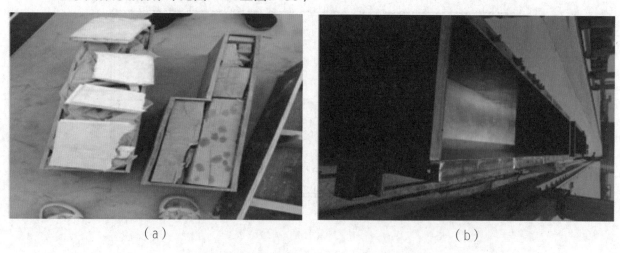

（a）   （b）

图7-53 缺陷实际类型、尺寸与模板

图7-54 缺陷现场安装

图7-55 浇筑混凝土构筑物

图7-56 现场安装检测墙

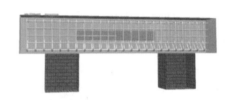

图7-57 检测墙纵向剖面图

图7-58 比对检测墙的吊装

3. 检测说明

1）检测依据：《铁路隧道衬砌质量无损检测规程》(TB 10223—2004)、《铁路工程物理勘探规范》（TB 10013—2010）。

2）检测项目：混凝土构件密实程度、混凝土构件厚度、混凝土构件钢筋分布情况。

3）检测要求：确定样品的实际信息，选取符合要求的天线中心频率；参照样品表面标注的测试坐标线，按照分区检测样品；当选取天线中心频率精度不符合检测样品精度时，该检测数据应视为无效。

4. 比对时间

比对时间为2019年8月13日—15日，现场实际检测时间（包括组装仪器时间）限时20 min，数据处理并出具检测结果时间限时40 min。

5. 比对人员

1）检测人员必须持证上岗，获得物探工程师证书或公司颁发的雷达检测人员结业证书或厂家颁发的雷达培训证书。

2）集团公司范围内所有地质雷达仪器操作人员，每套仪器至少有两名雷达检测人员。

3）掌握雷达检测专业知识，雷达检测经验丰富的检测人员。

4）集团公司内部从事雷达检测工作并且具有一定雷达检测经验的检测人员。

6. 比对设备

比对设备包括美国劳雷工业公司的SIR系列雷达、意大利IDS系列雷达、青岛电波所LTD系列雷达等集团公司范围内所有项目部地质雷达仪器。

7.10.5 比对地点

比对地点为中铁十二局集团第二工程有限公司太原地铁管片厂。图7-59所示为雷达测试能力比对参与人员的合影留念。

图7-59 雷达检测能力比对留影

7.10.6 比对内容

1. 仪器设备比对

1）每组比对人员到现场了解待测混凝土构件，现场分发混凝土支护参数表。

2）比对人员选用两套不同厂家型号的地质雷达设备。

3）待测混凝土构件长20 m，两套设备测量A或B一条水平测线，现场抽签确定测线位置。

4）每套设备现场检测时间为20 min，检测次数不限，时间一到立刻终止现场检测活动。

5）数据处理、图像分析、出具检测结果，总计时间为40 min，检测结果按照时间终止时的检测结果为准。

2. 人员比对

1）每组比对人员到现场了解待测混凝土构件，现场分发混凝土支护参数表；

2）比对人员选用同一厂家型号的地质雷达设备；

3）待测混凝土构件长20 m，每个检测小组测量A或B一条水平测线，现场抽签确定测线位置。

4）每个检测小组现场检测时间为20 min，检测次数不限，时间一到立刻终止现场检测活动。

5）数据处理、图像分析、出具检测结果，总计时间为40 min，检测结果按照时间终止时的检测结果为准。

6）比对人员需要填写登记表格方可进入比对场地，见图7-60。

3. 现场雷达检测要求（图7-61所示为比对人员现场检测操作情境）

1）检测设备仪器性能符合技术标准要求；

2）仪器设备比对，每套仪器检测时间为20 min；

3）人员比对，单人检测时间为20 min。

图7-60 比对登记

图7-61 能力比对

7.10.7 比对结果说明

结果反馈说明：

1. 将检测所用设备型号、天线中心频率详细记录在检测报告中。

2. 检测结果统计表统一按照附件1、附件2、附件3填写。

3. 检测结果中缺陷问题的雷达剖面图要求图像清楚、黑白灰界面显示。

4. 检测结果统计表表格内信息均为手写（见图7-62），附图存储到指定硬盘当中，文件夹名称为：检测结果附图-项目名称-检测人员-检测区域。

7.10.8 比对结果打分

方案一：

1. 检测过程中，天线频率选取不满足精度要求，比对结果为不满意；

2. 检测结果中，未发现全部缺陷，比对结果为不满意；

3. 本次比对结果共7处缺陷，混凝土缺陷每处检测结果20分，钢筋缺陷检测结果30分，满分为150分；

4．打分采用缺陷检测结果加权平均，检测结果有问题，缺陷得基础分，即缺陷分的50%，准确度得分为（实测缺陷位置/实际缺陷位置）×缺陷分50%；

5．75分以下（不含75分）比对结果为不满意，75～120分比对结果为较满意，121分及以上比对结果为满意。

6．现场检测时间限时20 min，用时每少5 min总分加2分；数据处理时间限时40 min，用时每少5 min总分加1分。

（a）

（b）

图7-62　现场答题、判卷图片

方案二：

1．检测过程中，天线频率选取不满足精度要求，比对结果为不满意；

2．检测结果中，未发现全部缺陷，钢筋检测结果与实际数量相差4根及以上，比对结果为不满意；

3．满意和不满意规定以外的检测结果，例如语言描述错误、空洞判定为不密实、检测结果准确度在基准精度以外，比对结果为较满意；

4．检测结果发现全部缺陷并且准确度都满足基准精度，钢筋检测结果与实际数量相差2根以内（含2根），比对结果为满意。

5．不同频率天线的基准精度如下：400 MHz天线基准精度为5 cm，600 MHz天线基准精度为3 cm，900 MHz天线基准精度为2 cm。

6．现场检测时间限时20 min，用时每少5 min总分加2分；数据处理时间限时40 min，用时每少5 min总分加1分。

7.10.9　比对的意义

比对的意义在于统一系统内部地质雷达检测的检测水平，具体有如下三个方面。首先，统一检测技术水平。一个系统"三级管理制度"中任何一级的检测结果水平代表的都是集团公司的检测水平，只有对每级检测单位的检测技术进行统一、检测手段进行统一、现场人员检测技术进行统一，才能整体提高集团公司的地质雷达检测管理水平。其次，统一检测技术标准。一个系统检测标准必须统一，标准模糊，必然导致检测结果混乱，造成检测结果失真。对于空洞、不密实等缺陷的确认，必须第一级集团公司统一标准，第二级、第三级严格执行，只有这样才能对公司的检测结果进行统一。最后，统一检测人员管理。检测技术和检测标准如何能传递到每个检测人员心中是重中之重，只有统一检测人员的管理，时刻督查检测人员的技术水平，做好监督、监管，才能进一步统一集团公司的检测管理水平。

附件1：隧道混凝土衬砌质量检测二衬厚度不足汇总

2019年雷达检测比对试验检测报告单

检测单位：　　　　　　　　报告编号：

检测人员：　　　　　　　　检测时间：

检测依据：　　　　　　　　检测区域：

设备型号：　　　　　　　　天线频率：

序号	检测里程				位置	长度/m	设计厚度/cm	实测厚度/cm	附图
1	MN144+	654.5	—	MN144+	656.5	A	2.0	40	28～40	图1
2			—							
3			—							
4			—							
5			—							
6			—							

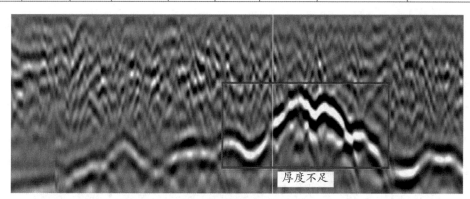

附图1

附件2：隧道混凝土衬砌质量检测其他质量问题汇总

2019年雷达检测比对试验检测报告单

检测单位：　　　　　　　　报告编号：

检测人员：　　　　　　　　检测时间：

检测依据：　　　　　　　　检测区域：

设备型号：　　　　　　　　天线频率：

序号	检测里程				位置	长度/m	缺陷类型	缺陷距衬砌表面距离/cm	附图
1	MN144+	168.8	—	MN144+	170.7	A	1.9	不密实	60～72	图2
2			—							
3			—							
4			—							
5			—							
6			—							

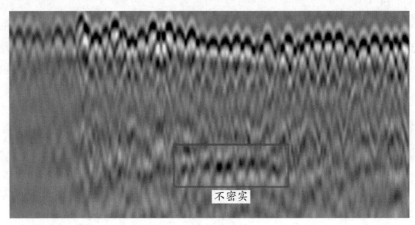

附图2

附件3：隧道混凝土衬砌质量检测钢筋问题汇总

2019年雷达检测比对试验检测报告单

检测单位：　　　　　　　　报告编号：

检测人员：　　　　　　　　检测时间：

检测依据：　　　　　　　　检测区域：

设备型号：　　　　　　　　天线频率：

序号	检测里程				位置	长度/m	环向钢筋设计数量/根	环向钢筋实测数量/根	附图
1	MN144+	215.0	—	MN144+ 216.0	A	1.0	10	9	图3
2			—						
3			—						

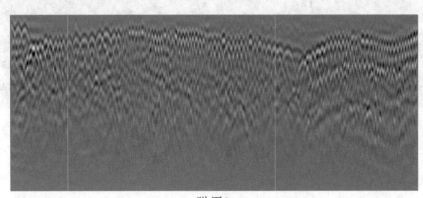

附图3

第八章 | 隧道质量缺陷整治方案

▶8.1 缺陷整治的原则

8.1.1 编制依据

1．中铁二院成贵铁路乐山至贵阳段站前工程CGZQSG—11标隧道设计图纸；

2．中铁二院《隧道质量缺陷整治指导性参考图》；

3．《高速铁路隧道工程施工质量验收标准》（TB 10753—2018）；

4．《铁路混凝土工程施工技术指南》（铁建设〔2010〕241号）；

5．《铁路混凝土工程施工质量验收标准》（TB 10424—2018）；

7．《铁路隧道工程施工安全技术规程》（TB 10304—2020）；

8．《成贵铁路工务专业提前介入检查季度对接会会议纪要（第3期）》（2017-02-16）。

8.1.2 编制范围及目的

本方案适用于xx隧道进口质量缺陷的整治工作，为之提供理论依据，指导隧道质量缺陷全过程整治作业，使隧道质量缺陷整治满足设计、规范要求，并预防施工中安全质量事故的发生，确保质量缺陷整治施工顺利进行。

8.1.3 隧道质量缺陷的整治原则

1．彻底治理，不留死角，保证隧道实体质量满足设计验标要求，确保铁路后期运营安全。

2．缺陷整治要符合"确保质量、技术先进、经济合理、安全适用"的要求。

3．缺陷整治要符合环境保护的要求。

4．对于无损检测发现的缺陷部位，采用加密扫描和混凝土钻芯的方式进行验证，进一步确定缺陷范围和程度。

5．整治处理中不断改正工艺工法，验证整治效果，优化整治方案。

▶8.2 缺陷整治方案

8.2.1 隧道质量缺陷整治方案

根据缺陷成因和所处位置的不同，大致可以把隧道质量缺陷分为九类，包括脱空、衬砌欠厚、衬砌开裂、钢筋外露、渗漏水、施工缝错台、蜂窝麻面、施工缝（变形缝）破损、注浆孔砂浆块脱落；针对不同类型的隧道质量缺陷应采取不同的处理措施进行整治。整治流程参见图8-1。

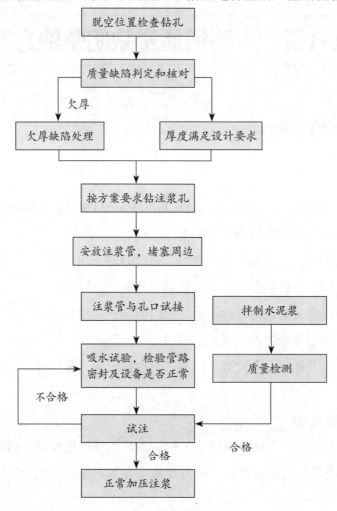

图8-1 缺陷验证及整治流程

8.2.2 脱空整治方案

1. 原因分析

衬砌脱空：喷射混凝土表面平整度差，防水板挂设松弛度不合适，未与初支面密贴，在衬砌混凝土浇筑时防水板局部受力形成二衬与初支间的空洞；二次衬砌混凝土浇筑时拱部未注满或带模注浆工艺未按要求施作，在衬砌背后形成空洞。

初支脱空：初支光爆效果差，且开挖面不平整，超挖严重，喷浆作业没有喷满，初支检查不及时，未进行回填注浆，在初期支护背后形成空洞。

2. 整治措施

脱空整治主要采取钻孔注浆填充空洞的方式进行处理，以发挥衬砌、初支及围岩整体结构功能，改善和维护衬砌以后的工作环境。

8.2.3 衬砌脱空处理措施

1. 脱空位置核查

根据雷达资料及钻孔验证脱空范围，并用红油漆标识。同时验证衬砌厚度是否满足设计要求，若发现衬砌厚度不足，必须在欠厚整治完成后再进行衬砌背后注浆，见图8-2。

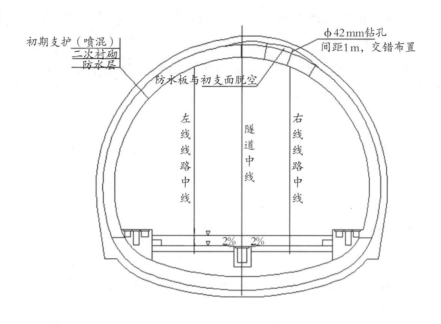

图8-2　横断面示意

2. 钻孔、安装孔口管

搭设脚手架，采用大功率电钻，配备长50～80 cm、直径28～35 mm的专用钻杆进行钻孔作业，注浆孔梅花形布置，间距为1.0 m×1.0 m，并在最高处增设一处注浆孔，安装保证灌浆效果的二衬厚度定位管，同时起到溢浆孔的作用。钻孔时注意不要穿透防水板。钻孔内安装长40～50 cm、Φ32 mm的镀锌管，并用植筋胶锚固。镀锌管一端管内车螺牙，用于连接注浆管。管口焊接锚固钢筋，与衬砌采用楔形连接，并用微膨胀水泥砂浆封堵，确保牢固和稳定，封堵砂浆高出原衬砌1～2 cm，待达到强度后打磨平整，钻孔与孔口管安装详见图8-3、8-4。

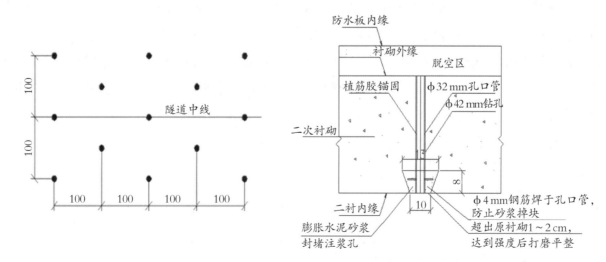

图8-3　钻孔布置示意图（cm）　　　　图8-4　注浆孔封孔大样图（cm）

3. 管口试接

注浆管与孔口管机械连接，注浆前应与每根预留孔口管进行试接，确保注浆能够连续进行，使拌制的浆液能够在规定的时间内使用完。

4. 吸水试验

注浆前应对注浆管路系统用1.5～2.0倍注浆终压进行吸水试验，检查管路系统能否耐压、有无漏水、机械设备是否正常，试运行20 min后，进行注浆现场试验，确定注浆参数。试验及注浆过程中，要求值班技术员必须在场，做好注浆记录，并根据现场注浆实际情况准确判断，及时对浆液稠度做出调整。

5. 浆液配制

注浆材料采用微膨胀水泥砂浆，水泥砂浆配合比采用0.8∶1，并通过现场试验进行微调，配制好的浆液随拌随用，严禁使用停置时间过长的浆液。

6. 注浆

二次衬砌混凝土强度达到设计强度的100%后才能进行注浆，注浆时由隧道下坡方向至上坡方向依次进行。当最高处注浆孔溢浆，封堵溢浆孔，逐渐加压注浆，注浆压力不大于0.2 MPa；当注浆压力达到设计终压（0.2 MPa）并稳定5 min以上，吸浆量很少或不吸浆时即可结束该孔注浆，注浆结束后应将灌浆管孔封堵密实。空洞较大时，需添加纤维。

8.2.4　初支脱空处理措施

初支背后存在空洞或不密实区，采取打孔注浆的方法进行缺陷整治，其施工工艺与衬砌脱空注浆一致。

1. 缺陷类型判定

根据雷达资料及钻孔验证脱空范围及类型，并用红油漆标识。若初支基岩不密实或初支背后脱空，需采用不同的注浆方式进行处理。

2. 钻孔、安装孔口管

搭设脚手架，采用气动凿岩机进行钻孔作业，采用φ42 mm注浆孔，梅花形布置，间距为1.5 m×1.5 m，并在最高处增设一处注浆孔，并安装保证灌浆效果的定位管，同时起到溢浆孔的作用。注浆孔钻孔深度应超过既有衬砌并伸入基岩不小于1.0 m，注浆采用φ32 mm的镀锌管，并用植筋胶锚固。镀锌管一端管内车螺牙，用于连接注浆管。管口焊接锚固钢筋，与衬砌采用楔形连接，并用微膨胀水泥砂浆封堵，确保牢固和稳定，封堵砂浆高出原衬砌1～2 cm，待达到强度后打磨平整，钻孔与孔口管安装详见图8-5至8-7。

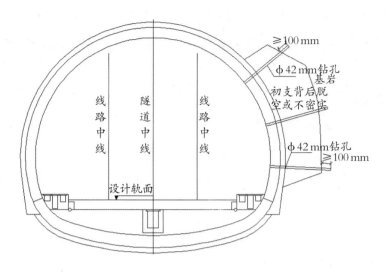

图8-5　横断面示意图（cm）

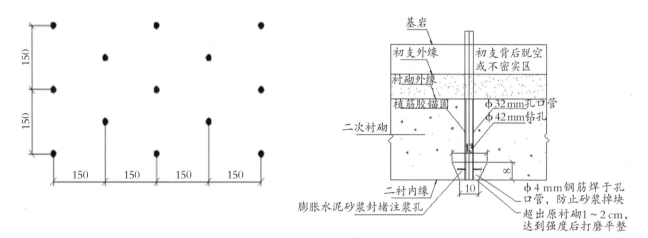

图8-6　钻孔布置示意图（cm）　　　　　　图8-7　注浆孔封孔大样图（cm）

3. 管口试接

注浆管与孔口管机械连接，注浆前应与每根预留孔口管进行试接，确保注浆能够连续进行，使拌制的浆液能够在规定的时间内使用完。

4. 吸水试验

注浆前应对注浆管路系统用1.5～2.0倍注浆终压进行吸水试验，检查管路系统能否耐压、有无漏水、机械设备是否正常，试运行20 min后，进行注浆现场试验，确定注浆参数。试验及注浆过程中，要求值班技术员必须在场，做好注浆记录，并根据现场注浆实际情况准确判断，及时对浆液稠度做出调整。

5. 浆液配制

初支背后脱空，采用水泥砂浆进行填充注浆；初支背后围岩不密实，采用纯水泥浆，浆液配合比建议采用0.8：1，并通过现场试验进行调整。

6. 注浆

衬砌混凝土强度达到设计强度的100%后才能进行注浆，注浆时由隧道下坡方向至上坡方向依次进行。当最高处注浆孔溢浆，封堵溢浆孔，逐渐加压注浆，注浆压力素混凝土衬砌不大于0.5 MPa，钢筋混凝土衬砌不大于1.0 MPa。当注浆压力达到设计终压并稳定5 min以上，吸浆量很少或不吸浆时即可结束该孔注浆，注浆结束后应将灌浆管孔封堵密实。空洞较大时，改用细石混凝土回填。

8.2.5 施工注意事项

1．衬砌背后注浆时隧道纵向应由下坡方向向上坡方向进行，横向应先注边墙孔、两侧孔，再注拱顶孔。

2．应对钻孔进行编号，钻孔及注浆过程中应对钻孔、注浆压力、注浆量进行详细记录，根据钻孔情况确定注浆钢管长度。

3．注浆过程中应严密观察衬砌状况，若发现衬砌有异常、变形、开裂或已有裂纹有加速发育趋势等，应立即停止注浆，并向上级领导汇报。

4．注浆完成后，采取可靠的封堵措施，防止浆块掉落，影响施工与运营安全。

8.2.6 原因分析

1．因测量误差或预留沉降量不足，导致初期支护侵限，且初支断面检查不彻底，未及时发现、处理，造成二次衬砌厚度不足。

2．喷射混凝土表面平整度差，防水板挂设松弛度不合适，未与初支面密贴，在衬砌混凝土浇筑时防水板局部受力形成二衬与初支间脱空、欠厚；二次衬砌混凝土浇筑时拱部未注满或带模注浆工艺未按要求施作，在衬砌背后形成空洞，混凝土厚度不足。

8.2.7 程度判定

对比无损检测资料衬砌厚度与原设计差异，按《成贵铁路拱墙衬砌厚度缺陷量化指标》对缺陷进行分级，采取相应整治措施。缺陷等级指标见表8-1。

表8-1 成贵铁路拱墙衬砌厚度轻微缺陷量化指标

缺陷项目	主要衬砌类型	拱墙衬砌厚度（h）	缺陷等级	1
			缺陷严重程度	轻微
衬砌厚度不足	Ⅱa型（素砼）、Ⅱ型（素砼）	35	$35 > h_1 \geqq 32$	L_c不限
			$32 > h_1 \geqq 30$	$L_c < 3$
	Ⅲb型（钢筋砼）、Ⅲa型（素砼）、Ⅲc型（素砼）、Ⅲd型（素砼）、Ⅲe型（素砼）	40	$40 > h_1 \geqq 36$	L_c不限
			$36 > h_1 \geqq 30$	$L_c < 3$
	Ⅳa型（素砼）、Ⅳb型（钢筋砼）、Ⅳd型（素砼）	45	$45 > h_1 \geqq 41$	L_c不限
			$41 > h_1 \geqq 35$	$L_c < 3$
	Ⅳc型（钢筋砼）Ⅴa型（钢筋砼）、Ⅴb型（钢筋砼）	50	$50 > h_1 \geqq 45$	L_c不限
			$45 > h_1 \geqq 40$	$L_c < 3$
	Ⅴc型（钢筋砼）	55	$55 > h_1 \geqq 50$	L_c不限
			$50 > h_1 \geqq 41$	$L_c < 3$

注：①L_c——检测衬砌厚度不足地段的测线连续长度，m；h——设计衬砌厚度，cm；h_1——检测衬砌厚度，cm。
②检测衬砌厚度当相邻测线三条及以上均连续不足时，其缺陷等级应提高一级。

8.2.8 拱墙欠厚拆换处理措施

1. 根据雷达资料及钻孔验证欠厚范围，并用红油漆标识。

2. 拆换前，应先完成相邻段落的其他缺陷整治，在拆换段前后2 m范围设置I20a钢架作为临时支护，钢架间距0.5 m/榀。

3. 采用简易台车作为操作平台，工作人员在平台上采用砂轮机沿已划分好的墨线切缝，切缝深度控制在衬砌厚度的2/3左右。衬砌混凝土采用风镐进行破除，拆除顺序为：从拱顶位置开始，依次向两侧拆除拱腰及边坡混凝土。拆衬砌混凝土时要跳槽拆除，严禁爆破，每次纵向拆除长度不得大于1 m，严禁大段落连续进行拆除作业。拆除土工布与防水板时，土工布预留搭接长度不能小于40 cm，防水板预留搭接长度不能小于30 cm。

4. 拆除旧的衬砌混凝土后，将新旧混凝土结合处凿毛并采用高压水冲洗干净，按设计要求恢复衬砌钢筋，素混凝土、新老混凝土处增加双排钢钎，钢钎间距0.25 m，并进行除锈处理，以保证新旧混凝土之间连接良好。（见图8-8、图8-9）

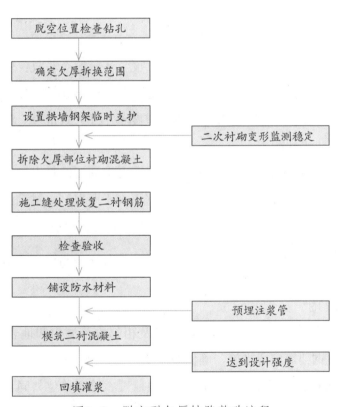

图8-8　脱空型欠厚缺陷整改流程

5. 在拆除段两侧边墙径向设置一排Φ25 mm砂浆锚杆，长4.0 m，纵向间距1.0 m。锚杆抗拔力达到设计要求后与衬砌楔形固定。

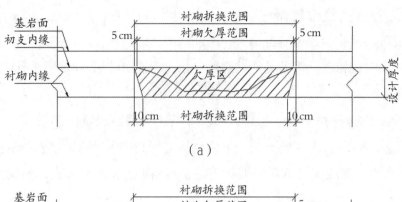

（a）

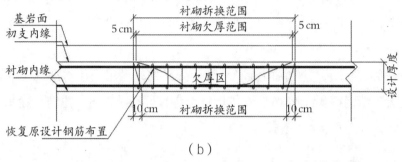

（b）

图8-9　纵向钢筋混凝土衬砌欠厚段整治示意图

6. 自检合格后，报监理工程师检查验收，必要时报工务段检查验收；验收合格后铺设防水板与无纺布，并做好与原防水板的搭设（无纺布搭接宽度不小于50 mm，防水板焊接采用超声波焊接工艺，其搭接宽度不小于15 cm，单条焊缝的有效焊接宽度不小于1.5 cm）；新旧混凝土接缝要设置止水胶，宽2 cm，以改善其防水性能。

7. 利用钢模台车灌注拆换衬砌混凝土，衬砌混凝土采用细石混凝土，混凝土强度等级比原设计提高一级；拆除段拱顶预埋φ50 mm注浆波纹管（预埋不少于两根），衬砌混凝土浇筑完成后，检查衬砌厚度，待衬砌混凝土强度达到设计要求后，对衬砌背后空洞进行注浆回填密实，注浆要求同原设计，确保衬砌与初支密贴。

8.2.9　施工注意事项

1. 拆换施工前后和施工过程中，要加强拆换段及相邻段落洞内和地表沉降观测，一旦发现异常，应立即采取搭设临时钢架等应急措施，确保施工安全。

2. 根据物探和钻孔确定衬砌欠厚范围和大小，由监理、施工单位共同对质量缺陷严重程度进行现场核实（缺陷等级），形成书面记录并经双方签认。

3. 衬砌拆除严禁采用爆破施作，每次拆除纵向长度不得大于1 m。

4. 新旧衬砌混凝土结合处，必须凿毛处理并用高压水冲洗干净，保证混凝土接茬满足设计规范要求，不产生新的质量缺陷。

5. 第三方检测和工务段敲击检测轻微缺陷以上的衬砌欠厚段落，每处分别编制整治专项方案，报监理、设计单位审批。

▎▶8.3 衬砌局部裂缝整治方案

8.3.1 原因分析

非结构裂缝：干缩裂缝，由于混凝土水化过程水分蒸发不匀产生的裂缝，大多呈现为表面性龟裂；温差裂缝，由于混凝土水化热造成表面与内部呈现梯度温差形成的裂缝。

结构裂缝：由于外荷载作用挤压破坏，衬砌变形开裂。沉降裂缝，仰拱基底虚渣清理不彻底，产生不均匀沉降；施工缝开裂，施工缝处理不当引起的接茬缝。

8.3.2 整治措施

对影响结构受力的非结构裂缝及结构裂缝的整治，整治前先对裂缝进行观测，分析形成原因，裂缝发展稳定后由设计单位单独设计处理措施。对不影响衬砌结构受力的非结构裂缝，整治前对裂缝进行观测，裂缝发展情况稳定后，再对裂缝进行整治。整治措施如下：

1. 对于宽度小于1 mm且长度小于5 m的裂缝，采用沿缝针管注浆封堵处理；

2. 对于宽度小于1 mm且长度大于5 m，以及宽度大于1 mm且长度小于5 m的裂缝，采用沿裂缝凿孔压浆封堵处理；

3. 对于宽度大于5 mm的裂缝，采用沿缝凿槽，压浆封堵后用环氧砂浆嵌补。

4. 对裂缝注浆封堵或嵌补后，表面涂刷环氧树脂封闭。

8.3.3 沿缝凿孔压浆处理措施

1. 二衬混凝土表面清理

用钢丝刷清理二衬混凝土表面，再用空压机把表面吹干净，把混凝土表面打磨平整，除去表层浮浆，直至完全露出混凝土结构新面。

2. 钻孔与埋设注浆管

沿裂缝凿长、宽、深均为8 cm "V" 形孔，孔顶正对裂缝，凿孔间距30～50 cm，冲洗干净后埋入φ10 mm塑料管，其周围孔隙用环氧砂浆或膨胀水泥胶泥压实固定，注浆管外露8～10 cm，以便与注浆设备连接。注浆孔与注浆管的设置如图8-10、8-11所示。

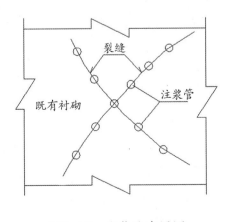

图8-10 注浆孔布置图

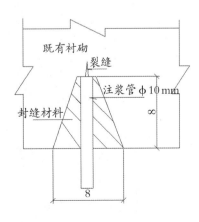

图8-11 注浆管安装图（cm）

3. 封缝

对所有需要注浆的裂缝，涂刷环氧树脂封缝。

4. 压水试验

封缝、砂浆锚固后进行压水试验，以检查封缝、固管强度，疏通裂缝，确定压浆参数。压水采用颜色鲜明的有色水（其压力维持在0.4MPa左右），测定水压及进水量，作为注浆依据。

5. 注浆

由裂缝两端向裂缝中部注浆，设置集中排水孔且需对其封闭时，集中排水孔在相邻两孔注浆后，顶水注浆；注浆压力应根据裂缝大小、衬砌质量等综合确定，一般为0.2～0.6MPa，但一般不超过压水试验压力；当注浆量与预计注浆量相差不多，压力较稳定且吸浆量逐渐减少至0.01L/min时，再压注3～5min即可结束注浆；注浆中应随时观察压力变化，当压力突然增高应立即停止注浆；当压力急剧下降时，应暂停注浆，调整浆液的凝结时间与浆液浓度后继续注浆。

6. 封孔

注浆结束后，用铁丝将注浆管外露部分反转绑扎，待浆液终凝后，割除外露部分，以环氧砂浆将孔口抹平，待其固结后沿裂缝涂环氧树脂一遍。

8.3.4 沿缝凿槽压浆处理措施

1. 二衬混凝土表面清理

用钢丝刷清理二衬混凝土表面，再用空压机把表面吹干净，对混凝土表面打磨平整，除去表层浮浆，直至完全露出混凝土结构新面。

2. 沿缝凿槽与洗缝

沿裂缝长度方向凿倒梯形槽，槽口宽一般为5～10cm（裂缝宽+4cm），槽底宽大于槽口宽，槽深8cm；并用高压水、高压风对裂缝凿出的槽口进行清理，保证槽内无粉尘杂物。

3. 埋设注浆管与封缝

正对裂缝按间距30～50cm布置注浆管，并采用环氧砂浆封闭嵌缝槽，封缝材料按填充槽深一半考虑，具体布置如图8-12所示。

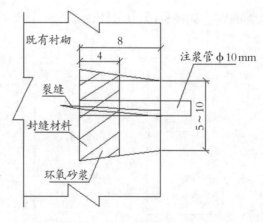

图8-12 裂缝嵌补图（cm）

4. 压水试验

封缝、砂浆锚固后进行压水试验，以检查封缝、固管强度，疏通裂缝，确定压浆参数。压水采用颜色鲜明的有色水（其压力维持在0.4 MPa左右），测定水压及进水量，作为注浆依据。

5. 注浆

由裂缝两端向裂缝中部注浆，设置集中排水孔且需对其封闭时，集中排水孔在相邻两孔注浆后，顶水注浆；注浆压力应根据裂缝大小、衬砌质量等综合确定，一般为0.2~0.6 MPa，但一般不超过压水试验压力；当注浆量与预计注浆量相差不多，压力较稳定且吸浆量逐渐减少至0.01 L/min时，再压注3~5 min即可结束注浆；注浆中应随时观察压力变化，当压力突然增高应立即停止注浆；当压力急剧下降时，应暂停注浆，调整浆液的凝结时间与浆液浓度后继续注浆。

6. 封孔

注浆结束后，用铁丝将注浆管外露部分反转绑扎，待浆液终凝后，割除外露部分，以环氧砂浆将孔口抹平，待其固结后沿裂缝涂环氧树脂一遍。

8.3.5　建筑材料

1. 封堵材料采用环氧砂浆

环氧砂浆的配制：将环氧树脂加热熔化后，按比例加入二丁酯搅拌均匀，冷却后加入乙二胺搅拌均匀，然后倒入已混合均匀的水泥砂子中，再充分搅拌后即可使用。环氧砂浆应随配随用，其施作时间为30~40 min。环氧砂浆的配合比为：6101环氧树脂∶二丁酯∶乙二胺∶水泥∶砂子=100∶15∶8∶200∶500。

2. 注浆材料

1）无水裂缝采用环氧浆液，有水裂缝采用水溶性聚氨酯浆液。

2）环氧浆液配合比：6101环氧树脂∶二甲苯∶501号稀释剂∶乙二胺=100∶30~40∶20∶10。

将环氧树脂加热熔化后，加入二甲苯及501号稀释剂搅拌均匀，冷却后加入乙二胺，再搅拌均匀后方可使用。

3）水溶性聚氨酯（SPM型）浆液，采用预聚体现场配制，其浆液建议配比：预聚体∶苯二甲酸二丁酯∶丙酮∶水=1∶0.15~0.5∶0.5~1∶5~10。

预聚体加热熔化后，加入定量溶剂即可，该浆液凝胶时间较难控制，应根据现场条件试配，调整其溶剂掺量。

8.3.6　施工注意事项

1. 衬砌裂缝处理，应在衬砌填充注浆、补强锚杆施作后进行；裂缝有渗漏水现象时，应在裂缝居中位置打一个穿透衬砌的集中排水孔。

2. 注浆材料在无水裂缝处采用环氧浆液，有水裂缝处采用水溶性聚氨酯浆液。

3. 注浆前检查注浆系统，以保证机具工作正常，管路畅通，注浆后即拆管清洗；作业环境必须符合有关劳动保护规定。

4．注浆过程中，应随时观察进浆量、压力变化及邻孔跑浆情况，以便调整有关参数，保证注浆效果。

5．所采用的浆液原料均应按规定进行质检、储存和使用，严禁使用不合格产品、变质产品。

8.4 钢筋外露与保护层不足的整治方案

8.4.1 原因分析

1．衬砌钢筋在安装过程中保护层垫块挂设数量不足。

2．局部衬砌钢筋受衬砌混凝土下沉影响，密贴衬砌台车，造成露筋。

8.4.2 整治措施

1．对一般施工期间遗留的外露非结构钢筋头，截断、拔出钢筋后使用环氧砂浆封闭钢筋孔。具体施工如图8-13所示。

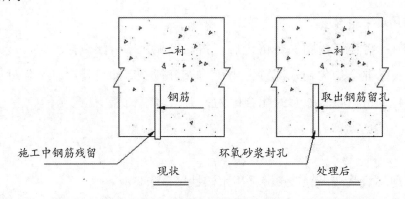

图8-13 施工中残留钢筋外露处理示意图

2．对衬砌结构钢筋外露和钢筋保护层厚度不足段，需对外露钢筋进行除锈防锈处理后再涂刷环氧树脂，见图8-14。

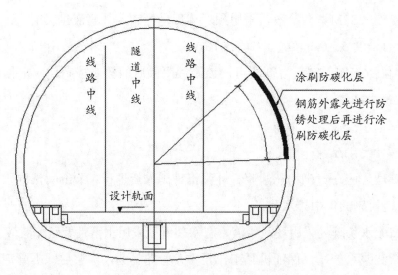

图8-14 二衬表面钢筋外露或钢筋保护层厚度不足缺陷整治

8.4.3 施工注意事项

喷环氧树脂前应清洁二衬砼表面，应确保混凝土表面干净湿润，但不应有明显的水印。

▶8.5 渗漏水整治方案

8.5.1 原因分析

1. 隧道防水板有破损，施工质量不高，焊缝没有完全焊牢，存在缝隙。

2. 止水带加固质量不高，固定不牢，混凝土浇筑时有卷起现象，止水带没有起到应有的止水作用。

3. 止水条安放不规范，没按设计要求镶入槽内，随意粘贴或钉在接头混凝土表面，造成止水条扭曲、变形。

4. 施工缝、变形缝处混凝土振捣不到位，止水带、止水条与混凝土不密贴。

8.5.2 整治措施

1. 点漏为滴水时，采用衬砌内部注浆封堵。面漏采用衬砌内部注浆，在注浆后集中出水点凿槽引排处理。缝漏为渗水或水量较小的滴水缝，采用凿槽嵌缝封堵。

2. 当渗漏水为射流、股流、线流时，应分析其原因，报监理、设计、业主及高铁工务段研究处理。

8.5.3 渗水、滴水处理措施

1. 渗漏水点的确认

点漏：红漆标识出水点。

面漏：先凿除面漏范围2～3cm厚表层混凝土，查找主要漏水点。

缝漏：沿裂缝方向凿倒梯形槽，槽口宽8cm，槽底宽大于槽口宽，槽深8cm。

2. 钻孔（见图8-15）

点漏中心注浆管应对准出水点布置，在出水点周边20～30cm范围设置辅助注浆孔。

面漏针对主要漏水点打孔，并围绕此孔在漏水面上均匀布孔，孔距30～50cm。

缝漏沿梯形槽均匀打孔，水量较大时间距60～100cm，水量小时间距30～50cm。

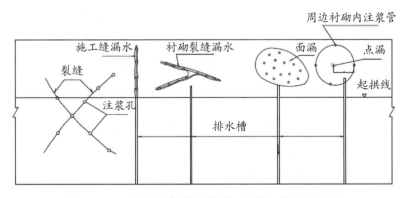

图8-15　注浆孔布置示意图（"○"为注浆孔）

3. 清孔（槽）

衬砌表面及孔内、槽内采用高压风清洗，清除松动混凝土块及碎屑。

4. 埋设注浆管、封缝（见图8-16、图8-17、图8-18）

注浆管紧抵孔底出水点，用环氧砂浆固结填塞孔管间隙，孔口用铁抹压实压平。封缝完成，待封缝材料固结后，应对其进行质量检查，渗漏水只能从注浆管内流出，其他部位不得有渗水现象，否则应重新封埋或涂刷环氧树脂进行补救，待达到质量要求后，方可进行下一步作业。

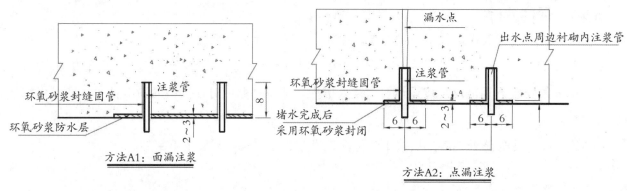

图8-16　面漏注浆管安装（cm）　　　　　图8-17　点漏注浆管安装（cm）

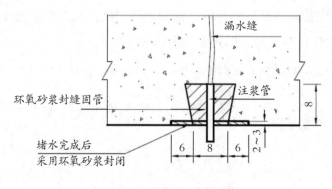

图8-18　缝漏注浆管安装（cm）

5. 压水试验

封缝养护数天，待封缝材料具有一定强度后，进行压水试验，以检查封缝质量及固管强度，疏通裂缝并确定压浆参数；压水采用带明显特征的有色水，其压力应维持在0.4 MPa左右。试验需详细记录各注浆管出水时间及水量，试验过程中若出现封缝漏水则重新进行封补。压水应测定水压与进水量，作为注浆的依据。

6. 注浆材料与浆液配制

水溶性聚胺酯（SPM型）浆液，采用预聚体，现场配制，其浆液建议配比（质量比）如表8-2所列。

表8-2　注浆材料与浆液质量配比

预聚体	邻苯二甲酸二丁酯	丙酮	水
1	0.15～0.5	0.5～1	5～10

预聚体加热熔化后，加入定量溶剂即可，该浆液凝胶时间较难控制，应根据工地条件试配，调整其溶剂掺量。

7. 注浆

注浆采用水溶性聚胺酯，其注浆流程及机具布置简图见图8-19。

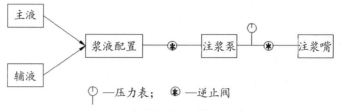

○—压力表；　❋—逆止阀

图8-19　渗漏水缺陷整改注浆流程

注浆前对整个注浆系统进行全面检查，在注浆机具运转正常、管路畅通的条件下，方可注浆。点漏注浆应先注漏水量较小者，后注较大者；垂直裂缝，施工缝应由下向上依次注浆；水平或斜裂缝由水量较小端向较大端依次注浆；面漏应由周边管向中心依次注浆。

将注浆系统与注浆嘴牢固连接后，打开排水阀门排水。开放注浆系统的全部阀门并起动压浆泵，待浆液从排水阀门流出后，关闭排水阀加压进行注浆。采用水溶性聚胺酯时，注浆压力为0.3～0.4 MPa。在正常情况下，一般注浆压力不超过压水试验时的值。

结束注浆的标准：当吸浆量与预先估计的浆液用量相差不多，压力较稳定，且吸浆量逐渐减少至0.01 L/min时，再继续压注3～5 min即可结束注浆。

注浆过程中应随时观察压力变化，当压力突然增高应立刻停止注浆，压力急剧下降时，应暂停该孔注浆，调整浆液的凝结时间及浆液浓度后继续注浆。结束注浆时，立刻打开泄浆阀门，排放管路及混合器内残浆，拆卸管路并进行清洗。

8. 封孔

结束注浆后，用铁丝将注浆管外露部分反转绑扎，待浆液终凝后，割除外露部分，再以封缝材料将孔口补平抹光。

8.5.4　施工注意事项

1. 衬砌内部注浆前，应根据隧道渗漏水情况，进行浆液的试配，调整浆液浓度。

2. 化学材料及堆放使用过程中，有特殊要求的材料应由专人保管，严格领料、用料制度，避免发生事故。

3. 渗漏水整治施工时，对有影响段的道床、轨道应加以遮盖，防止污染。

4. 输浆管路必须有足够的强度，装拆方便；注浆结束后须立即拆除管路进行清洗；双液注浆所用之料桶容器、管路应有标记，不得混用。

5. 注浆时，所有操作人员必须穿戴必要的劳动保护用品。

6. 浆液凝结时间应根据渗漏水量大小、水流速度、混凝土缝大小、深度及混凝土壁厚加以调整。一般细小裂缝无外漏时注浆，凝结时间要大于试水（从进有色水到最远出水孔）时间，在有外漏、裂缝宽（如施工缝）、衬砌厚度较小时，浆液凝结时间应小于试水时间。

7. 所采用浆液原料均应按规定及其特征进行品质检验、贮存及使用，严禁采用不合格、变质原料。

8．为保证环氧砂浆与原混凝土结合良好，在批抹环氧砂浆前，应在黏结面上先涂一层环氧基液，待基液中的气泡逸出后，再批抹环氧砂浆。环氧砂浆应分层批抹，每层厚度以0.5 cm左右为宜，一般不应超过1.0 cm。

9．注浆过程中应备有水泥、水玻璃或环氧树脂等快速堵漏材料，以便及时处理漏浆、跑浆现象。

10．复合式膨胀橡胶条及膨胀橡胶止水条，在运输、贮存过程中应保持密封、干燥状态，施工时方可拆去包装，随拆随用，以防受潮膨胀，影响使用效果。

11．环氧砂浆防水层终凝后，应观察有无渗、漏水现象，用小锤敲击检查有无空壳声，发现异常者，应局部凿除，补做防水层。

▐▶8.6 施工缝错台整治方案

8.6.1 原因分析

1．模板接缝贴合不严密，至使衬砌砼表面产生错台。

2．模板加固不牢固，砼浇筑时跑模产生错台。

8.6.2 整治措施

施工缝错台处，对错台凸出部分采用手持砂轮打磨平整、圆顺。

打磨过程中出现其他缺陷情况，应采用相应的缺陷处理措施，见图8-20。

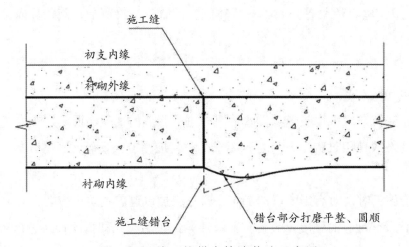

图8-20 施工缝错台缺陷整治示意图

8.6.3 施工注意事项

打磨时应检查砂轮机及作业人员安全防护。

▶8.7 蜂窝麻面整治方案

8.7.1 原因分析

1. 衬砌混凝土浇筑时，自由落差大，产生离析。

2. 衬砌混凝土浇筑时，振捣不充分。

8.7.2 整治措施

在二衬厚度、强度能保证结构安全的条件下，对表面蜂窝麻面观感质量缺陷采用以下整治措施：清除松动的砂浆块、混凝土骨料后打磨平整，并涂刷环氧树脂。

8.7.3 施工注意事项

打磨时应检查砂轮机及作业人员安全防护。

▶8.8 施工缝、变形缝破损缺陷整治方案

8.8.1 原因分析

1. 衬砌混凝土脱模时，破坏端头混凝土。

2. 衬砌混凝土浇筑前，新旧混凝土接触面未凿毛、润湿，混凝土凝固时产生干裂。

3. 衬砌混凝土浇筑时，施工缝位置振捣不充分。

8.8.2 整治措施

1. 施工缝、变形缝破损处存在结构性缺陷，应按衬砌欠厚处理。

2. 能满足隧道结构性、功能性要求，观感质量存在缺陷的施工缝、变形缝破损，采用以下措施：

1）施工缝有闭合性裂纹，深度不大于5 cm，宽度不大于20 cm，不需要填充修补，打磨圆顺后涂刷环氧树脂；

2）宽度大于20 cm的，植筋修补，钢筋采用 Φ16 mm螺纹钢，植筋深度为24 cm，间距15 cm，如止水带边界露出，须割除松动的止水带；

3）对拱顶及边墙出现止水带砼保护层厚度小于20 cm处，凿除砼并切除止水带，打磨圆顺后涂刷环氧树脂。

8.8.3 施工注意事项

打磨时应检查砂轮机及作业人员安全防护。

▐▶ 8.9   注浆孔内砂浆块脱落缺陷整治方案

首先检查衬砌背后是否注浆，未注浆孔应按原设计要求进行衬砌背后注浆，注浆后采取可靠措施封堵注浆孔。

已注浆孔内砂浆块脱落，如果二衬背后密实，注浆孔上方防水板完好及防水板紧贴初期支护，清理干净孔内松动砂浆块后不再封堵。

▐▶ 8.10   缺陷整治管理

1. 隧道质量缺陷整治管理结构

为确保隧道质量缺陷整治工作能顺利进行，有效地开展，保证缺陷整治工作能取得实效，工程实体整治能顺利有序推进，项目部成立以分部经理为组长的缺陷整治领导小组，各工点包保责任人及部室相关负责人为骨干，分别成立隧道质量缺陷整治作业1队和隧道质量缺陷整治作业2队。

2. 劳动力及机具、设备配置

隧道质量缺陷整治原材料用汽车运输到施工现场，临时堆放在隧道仓库内，具体资源配置见表8-3。

表8-3   设备、机具及劳动力配置表

序号	名称	单位	数量	备注
1	简易组装作业台架	个	3	
2	发电机	台	1	15 kW
3	制浆机	台	3	4.5 kW
4	注浆机	台	3	
5	冲击钻	台	3	
6	切割机	台	8	
7	破碎锤	台	1	
8	电镐	把	6	
9	彩条布	m²	300	
10	安全带	个	30	
11	劳动力	人	40	

3. 缺陷整治措施选用审批流程

隧道质量缺陷整治前应先切实核查清楚缺陷的情况（类型、范围、程度等），协同检测、监理单位共同对雷达检测发现的缺陷部位，采用加密扫描与钻孔探测等方法进行验证，对缺陷地段衬砌观感质量进行检查和详细记录，并进行安全评价。核对设计、检验、复查钻孔资料，确保检测资料的准确性。若实际情况与既有资料不符，应根据实际情况进行复查，重新进行缺陷判定。

若实际情况与检测判断资料相符，则根据《成贵铁路拱墙衬砌厚度缺陷量化指标》对缺陷等级进行判别。

1）衬砌脱空、欠厚轻微缺陷

对衬砌轻微缺陷，直接套用《隧道质量缺陷整治指导性参考图》和本方案进行处理；对无法套用《隧道质量缺陷整治指导性参考图》的，由项目部另行委托设计单位单独设计。

2）衬砌脱空、欠厚轻微以上缺陷及其他类型缺陷

对衬砌脱空、欠厚轻微以上缺陷及其他类型缺陷，由监理单位组织施工单位、第三方检测单位对缺陷情况进行核实，对初步判断能够与《隧道质量缺陷整治指导性参考图》整治措施对应的适用条件进行详细描述，描述项目全面、内容明确。设计单位根据缺陷描述对照《隧道质量缺陷整治指导性参考图》对整治措施选用参考图的适用性进行审核，无异议的及时签字确认，有异议的交由建设指挥部组织讨论，然后各方及时签字确认。项目部在取得签认的整治措施确认单后，按签认的措施组织施工，尽快完成缺陷整治。

▶8.11 保证措施

1. 质量保证措施

隧道质量缺陷整治前应先切实核查清楚缺陷的情况（类型、范围、程度等），协同检测、监理单位共同对雷达检测发现的缺陷部位，采用加密扫描与钻孔探测等方法进行验证，对缺陷地段衬砌观感质量进行检查和详细记录，并进行安全评价。核对设计、检验、复查钻孔资料，确保检测资料的准确性。若实际情况与既有资料不符，应根据实际情况进行复查，重新进行缺陷判定。

若实际情况与检测判断资料相符，则根据《成贵铁路拱墙衬砌厚度缺陷量化指标》对缺陷等级进行判别。

2. 安全保证措施

1）施工现场要有专人统一指挥，并设一名专职安全员负责现场的安全工作，检查班前进行安全教育制度的执行情况。

2）施工人员作业前进行安全教育和考核，合格后方可上岗作业。

3）施工人员到达作业面后，应首先观察作业面是否处于安全状态。

4）注浆时注浆者必须佩戴防护眼镜、安全手套、安全帽，穿工作服，电工穿绝缘鞋，戴绝缘手套。

5）高空平台作业时，施工人员必须佩戴安全带，穿防滑鞋，挂妥挂钩，并有安全防护栏和安全网等防护设施；对施工机具和材料要有保护措施，避免掉落；平台作业时严禁向下方丢弃杂物。

6）在注浆施工中，应严格按照注浆机操作规程进行注浆作业，严防注浆管脱扣、涨爆等伤人；操作人员必须佩戴防护面具，防止浆液飞溅伤人，特别是眼睛等易损伤部位必须重点防护。严禁将注浆管口对准作业人员。

7）施工现场用电严格按照三相五线制布设电线，做到二级保护，三级控制，一机、一箱、一闸、一保。

8）化学材料及堆放使用过程中有特殊要求的材料，应由专人保管，严格领用、用料制度，避免发生事故。

9）衬砌注浆过程中要严格控制注浆压力，并在加压过程中对衬砌进行密切观察，防止对衬砌造成损坏。

10）衬砌拆换施工前后和施工过程中，要加强拆换段及相邻段落洞内和地表沉降观测，一旦发现异常，应立即采取架设临时钢架等应急措施，确保施工安全。

11）在衬砌拆换、凿槽等破除施工过程中，作业现场必须设置防坠物等安全警示标识，并在作业范围拉安全警戒线，禁止闲杂人员进入施工区域。

3. 环保、水保措施

1）二衬混凝土切缝、钻孔及拆除作业时，采取必要的防尘措施，减少洞内粉尘对洞内空气的污染，并采取通风机通风，降低洞内空气中的粉尘浓度，确保施工人员身体健康。

2）施工现场修建沉淀池和气浮池，先将污水排入沉淀池，除砂后进入气浮池内，除去悬浮物、油类物质并进行中和处理，检测达到排放标准后排入河流。

3）现场存放油料的地面进行防渗处理，如采用防渗混凝土地面、铺防油毡等措施。在使用过程中，要采取防止油料跑、冒、滴、漏的措施，防止土壤受到污染。

4）化学用品、外加剂等应库内存放，妥善保管，防止污染环境。

5）加强对地表水和地下水水质的监测，配合当地环境监测部门搞好舆论宣传和监督工作，加强对沿线施工废水的控制，发现新的污染问题及时进行处理，防止水质恶化。

第九章　无损检测技术

▶9.1　地质雷达在路基与路面的应用

近些年，随着高速公路的大量建设，因为地质问题特别是不良地基引起的公路危害和路基失稳现象经常发生。软土在我国软土地区和内陆平原或者山间盆地都有比较广泛的分布，它们的成因、形态和结构虽然不同，但都有压缩性高、强度低、含水量大和透水性差的特点。通车运营后的高速公路，路面反射裂缝后需对地基的缺陷特性和位置进行判断、定位，应用探地雷达对高速公路路面沉降原因进行检测，取得了较好的经济效益和社会效益。

1. 探地雷达基本原理

探地雷达是将高频电磁波以短脉冲形式由地面通过天线T送入地下，经地下目的层或目的体（如溶洞）反射后返回地面，为另一天线S所接收，电磁波信号为电脑所显示和存贮，以便室内资料处理时调用，观测系统及图像示意图如图9-1所示。

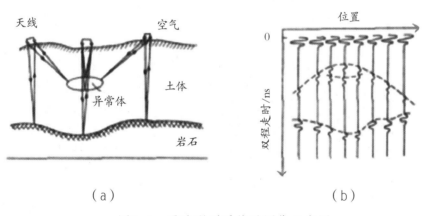

（a）　　　　　　　　　　　（b）

图9-1　雷达观测系统及图像示意图

通过脉冲波行程需时的精确测定，可准确求出地下反射体深度。脉冲波行程需时为$t=(4z^2+x^2)/v$，当地下介质中的波速v为已知时，可根据测到的精确t（ns，$1ns=10^{-9}s$），由上式求出反射体的深度z（m）。其中，x（m）值在剖面探测中是固定的，v值（m/ns）可以用宽角方式直接测量，也可以根据$v \approx c/\varepsilon$近似算出（当介质的电导率很低时），其中c为光速（$c=0.3$ m/ns），ε为地下介质的相对介电常数，可利用已知数据或测定获得。雷达图形以脉冲反射波的波形形式记录。波形的正负峰分别以黑色、白色表示，或者以灰阶、彩色表示。这样，同相轴等灰色、等色线即可形象地表征出地下反射面。在波形记录图上各测点均以测线的铅垂方向记录波形，构成雷达剖面。通过逐点探测，地下目的体的形态、空间分布就会在计算机屏幕上显示出来。该方法采集便捷、成图直观、数据分辨能力强，但抗电磁干扰能力弱。采用不同分辨率的天线可以精确探清路面以下10m范围内路基的分层、构造及异常体的分布情况。

2. 探地雷达检测基层厚度的原理和方法

公路路面各结构层相对于探地雷达检测可以认为是水平层状结构。铺筑材料虽然各层之间不同，但相对某层的材料在设计上是一致的，虽然是分层碾压而成，相对于探地雷达电磁波垂直入射而言，可以认为单层介质是各向同性的。公路路面结构层可简化为各向同性水平层状介质，这也是探地雷达检测的近似模型，探地雷达电磁波在路面结构层中的传播路径如图9-2所示。入射波P_0入射到d_0界面，产生d_0界面的透射波P_1和反射波P_{00}；透射波P_1入射到d_1界面，形成透射波P_2和由d_1界面产生的反射波经由d_0界面的再次反射透射而形成d_1界面的反射波P_{01}；以此类推形成d_2界面的反射波P_{02}和d_3界面的反射波P_{03}等。当然还有层间的多次反射，它们与P_{00}、P_{01}、P_{02}、P_{03}等一次反射共同组成反射波序列。设d_0界面的反射系数为R_{01}，透射系数为T_{01}，依次反射系数序列为R_{12}、R_{23}、R_{34}，透射系数序列为T_{12}、T_{23}、T_{34}，入射波$P_0=f(t)=f$，在不考虑吸收和扩散的情况下，则有一次反射序列：$P_{00}=P_0 \times R_{01}=f \times R_{01}$。若检测到各结构层界面的回波时间，并确定出电磁波在各层内的传播时间（Δt_i），由预先测试出的基层传播速度v_i或相对介电常数ε_{ri}，便可计算出路面基层厚度h_i。

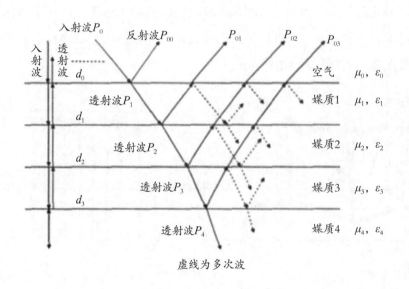

图9-2　电磁波在路面结构层中的传播路径

3. 应用实例

某高速公路在基层施工以后，发现在路段南半幅原设计超车道位置发生不均匀沉降。经路面观测，沉降量达到11cm，并在路段南半幅原设计超车道位置及北半幅位置发现有裂缝产生，为调查此路段沉降发生原因，使用探地雷达进行路面检测。

检测方案及检测参数：

采用GR-2004探地雷达，天线频率分别为400MHz和100MHz。检测位置：南半幅原设计行车道位置和超车道位置，采样间距9～11cm。雷达检测主要参数设置如下：

探测深度：0～6m；

系统增益：160dB；

发射脉冲重复频率：128 kHz；

时间窗：30～35 ns；

A/D：16 bit；

采样率：256样点/scan；

扫描速度：32 Hz/s；

波形叠加次数：256次；

水平距离标记：测量轮自动标记和人工点测；

检测依据：JTG F80/1—2017《公路工程质量检验评定标准 第一册 土建工程》，JTG 3450—2019《公路路基路面现场测试规程》。

4. 检测结果

根据现场检测得到的探地雷达剖面图，经过图像处理及分析，已铺设的水泥稳定碎石层（基层）以及灰土层（底基层）未发现明显破坏，在原设计行车道和超车道深度3 m左右均发现异常，因雷达检测深度未做钻孔验证，实际异常深度要大于实测异常深度。经调查，未施工前此路段有鱼塘存在，深度与雷达检测异常深度接近，施工中南半幅进行换填处理，判断此路段路面沉降处沉降主要是由于遇到硬壳层换填不彻底，下部原鱼塘淤泥质土承载力过低引起，并产生路面裂缝。由于淤泥质土层强度低、压缩性高、透水性低，其固结稳定需要一个长期的过程。从目前情况来看，怀疑沉降尚未达到稳定状态。根据探地雷达检测的结果，对该路段进行压浆处理。

5. 路面检测的工作方法与技巧

一是根据检查路面的类型和检测的路面精度要求选择地质雷达，不同的路面类型和精度要求选择的地质雷达也不同。主要体现在以下两方面。第一，检查路面的类型为沥青混凝土路面，这时选用的雷达天线的中心频率应为2500 MHz。该雷达天线具有分辨率高、精度大、发射频率高的特点，使用该雷达天线进行路面厚度检测，其精度误差能够控制在合理范围之内。但是该雷达天线也存在一定的不足，例如能量低、能耗大，只能穿透30 cm厚的铺砌层，因此该雷达天线的主要作用就是用来对沥青混凝土各面层厚度进行分析。该雷达天线为悬挂式，通常悬挂在汽车尾部。其检测速度有理论和实际之分，一般理论检测速度能达到90 km/h，但是由于实际情况各不相同，所以在实际运行中检测速度只能达到30 km/h上下。第二，检查路面的类型为水泥混凝土路面，这时选用的雷达天线的中心频率为500 MHz。该雷达天线为地拖式雷达，其发射器与接收器为合并状态。该雷达天线具有发能大、介质中耗能小、抗干扰能力强的特点，因此其穿透性极好，一般能穿透1.5 m左右的介质，但是其精确性能和误差范围不如2500 MHz的雷达天线。

二是相较于传统检测方法，地质雷达取样密度高，根据取样密度要求的不同分为2 m、1 m、0.5 m，进行间隔取样。此外，针对一些特殊疑难地段还能采取加密取样的方式，这样能够确保所获取的资料充分符合取样密度和精度要求。这为公路工程质量检测分析提供了便利。

三是采用地质雷达技术进行公路工程质量检测，不仅规避了传统检测方法所带来的弊端，还节省了大量人力、物力资源，提高了工作效率，真正实现了对工程的无损检测。

▌▶9.2 地质雷达在水面的应用

近年来随着社会经济的快速发展和人们对美好生活的日益追求，淡水河道清淤治理工作成了一个迫在眉睫的问题。目前，大部分淡水河道工程治理，主要是采用河道淤积体环保疏浚的方法，环保疏浚前期需要对水道沉积物界面和沉积物富集体进行精确测定和准确探查，为后期的工程施工方式及工程预算提供重要的技术资料支持。水道沉积物界面和沉积物富集体最常用的探测方法主要有放射性探测法、钻孔取样法和淤泥采样器法等。其中，钻孔取样法和淤泥采样器法属于单点勘探测量方法，主要是用来验证物探异常区域，不利于大面积开展工作且资金投入较大，不经济；放射性探测法受放射源的管理机制及安全性因素影响，其开展工作较为困难。基于此，疏浚治理工作部分江体水道沉积物界面和沉积物富集体探测识别采样工作中，采用探地雷达技术进行工作。通过实际探地雷达探测结果与浅层剖面声呐探测结果对比验证，认为探地雷达技术在淡水水道沉积物界面和沉积物富集体探测方面优势明显，在河道清淤处理地质勘探工作中具备大面积推广的潜力。

探地雷达是利用电磁波在水底和淤泥层底界面的反射信号来反映水下地形起伏和淤积层分布的，这是一种时间域内图像化的间接方式。在对目标体有效的探测中，高分辨率图像获取和时深转换是技术关键。总体上来说，河道测量采用的控制测量方法与陆地上基本相同，应用种类较多，包括探测冲刷坑尺寸、疏浚前后河床的位置、河底淤积物质的组成等。研究探地雷达在河道探测的图谱，认为其应用于水深探测效果良好，精度也可以达到实际工程的要求。

1. 常用的测定方法

测深杆：可用竹竿、硬塑料管、玻璃钢杆或铝合金管等硬质材料为标杆。标杆下端装一直径为10～15 cm的铁底板或木板，以防止杆端插入淤泥深处而影响测深精度。测深时，使测深杆处于铅垂线位置，然后读取水面与杆相交处的数据即可，测深杆适用于测量小于5 m的水深。

测深锤：一般测深锤适合在流速小于1 m/s、船速小、水深不大于15 m的情况下使用。

回声测深仪：其工作原理是，当声波遇到障碍物而反射回换能器时，根据声波在水中往返的时间和所测水域中声波传播的速度，就可以求得障碍物与换能器之间的距离。回声测深仪包括单通道回声测深仪和多通道回声测深仪。

2. 探地雷达的工作原理

探地雷达采用高频（10～3000 MHz）电磁波，通过探测地下介质各结构层的电磁特性（介电常数、电导率、磁导率）的改变、异同，由回波的振幅、波形和频率等来分析和推断介质结构与物性特征，以此来获取地下各结构层的厚度、深度或缺陷等。

探地雷达主要由天线、发射机、接收机、信号处理器和终端设备（计算机）等组成，如图9-3所示。

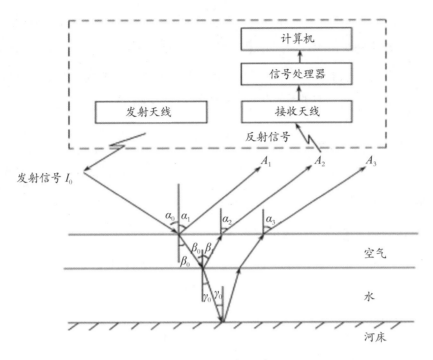

图9-3　设备组成

探地雷达发射机产生的高频电磁脉冲离开天线后便成为发射信号，发射信号通过空气到达介质表面时，一部分信号会透射介质继续向下传播，另一部分信号会被介质反射回来。电磁波在断面内传播的过程中，当遇到不一样的结构层，就会在层间界面发生透射与反射界质对电磁波信号的损耗作用，使透射的雷达信号越来越弱。

3. 河流水深探测的工作原理

河道断面的结构层可以根据其电磁特性如介电常数来区分，当相邻的结构层材料的电磁特性不同时，就会在其界面间影响射频信号的传播，即会发生透射和反射。由各界面反射回来的那部分电磁波由天线接收器接收，并采用采样技术将其转化为数字信号进行处理。通过对电磁波反射信号的时频特征和振幅特征进行分析，便能了解到河道断面各结构层的特征信息。用于获取信息的天线通常直接放置在一只小木船内。发射天线发射的电磁波在地表下结构层中传输，遇到介电特性突变的界面（如船面、水面、河床等），电磁波就会发生反射和折射，接收天线记录被选择时段内的反射波。如果可以预测或测试出电磁波在地下介质中的传播速度，那么利用电磁波到达地表的时间就可以计算出各结构层的深度。探地雷达探测河流水深的原理如图9-4所示。

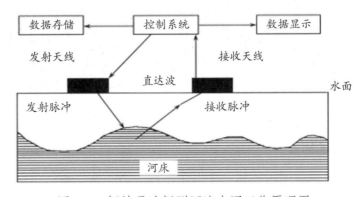

图9-4　探地雷达探测河流水深工作原理图

利用探地雷达测量河流水深，主要是根据河水和河床的介电特性不同，电磁脉冲在河水底部与河床界面发生反射，通过接收到的反射时间和预先标定或计算得到的传播速度，就可以求得河水的深度。从以上分析可以看到，深度探测的关键就是探测水底界面的回波时间，一旦确定了电磁波在河流中的传播时间，就可以根据电磁波在水中的传播速度，求得河水的深度 h：

$$h=vt$$

v值的确定方法：一是通过现场标定的方法得到，二是根据公式求得：

$$v=\frac{c}{\varepsilon_\mathrm{r}}$$

式中：c为光速（理论值为0.3 m/ns），ε_r为河水的相对介电常数。

4. 水上探地雷达剖面组合高分辨率处理技术

根据水上探地雷达探测信号的特点，我们设计了"横向滤波+预测反褶积滤波+信号能量频率补偿"的综合处理技术，在实践中得到了良好的效果。

横向滤波技术：仪器产生的振荡信号和固定干扰源形成的干扰信号沿固定时轴分布，能量和频率成分稳定，对有效信号起到强烈的压制作用。为了消除这些探测通道内普遍存在的固定干扰波，我们设计了横向滤波器。这实际上是一种压制干扰波能量的滤波器。

图9-5所示为利用横向滤波器处理后的剖面。从图中可以看到，由于低频强干扰信号被去除，受到压制的深水域淤泥层反射信号呈现出来，淤泥层的底界面大致可从剖面中识别，但信号较弱。另外一些周期性出现的高频干扰信号，仍然会对探测界面的识别形成影响（图9-5的1000～1500道区间）。

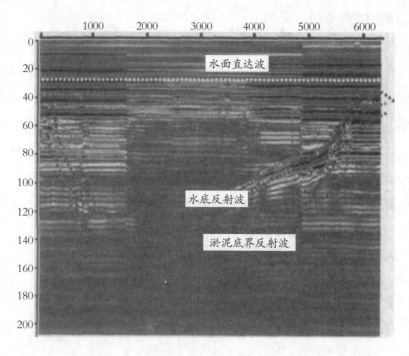

图9-5　经横向滤波处理后的雷达图像

5. 影响水中电磁波速的因素

水上雷达探测时，随探测季节、时段、水域不同，水的浊度、盐度及温度变化较大，这些变化会对水中电磁波速度产生影响。从不同粒径构成土体的介电常数随含水量的变化曲线，可以看到不同粒径级配土体的介电常数在相同体积含水量时不同，但差别很小。复合介电常数随体积含水量的增大而呈指数增大，符合相似的变化规律。含水量是决定土体介电性质的主导因素，土体粒径级配不会对这种规律产生影响。

6. 总结

水上探地雷达探测剖面能够反映水下地形起伏和淤积层分布，但实测剖面信息构成成分复杂，信噪比较低。

"横向滤波+预测反褶积滤波+信号能量频率补偿"的综合处理技术，可有效压制探测剖面干扰信号的影响，提高剖面分辨率，实现对较深水域淤积层底界面的有效探测。

水体浊度和温度对水中电磁波速影响不大，而盐度变化却有较大影响。现场探测时需要实测水体波速。水下淤积土层的介电性符合Looyenga模型，现场探测时可根据土样三相成分体积比确定土体介电常数，进而确定土体电磁波速。两个波速的正确确定可大大提高时深转换的精度，保证水下地形填图和淤积量计算的准确性。

▶9.3   地质雷达在隧道掌子面的应用

利用高频电磁波以宽频带短脉冲的形式，由掌子面通过发射天线向前发射，当遇到异常地质体或介质分界面时发生反射并返回，被接收天线接收，并由主机记录下来，形成雷达剖面图。由于电磁波在介质中传播时，其路径、电磁波场强度以及波形将随所通过介质的电磁特性及其几何形态而发生变化，因此，根据接收到的电磁波特征，即波的旅行时间、幅度、频率和波形等，通过雷达图像的处理和分析，可确定掌子面前方界面或目标体的空间位置或结构特征。在前方岩体完整的情况下，可以预报30 m的距离；当岩石不完整或存在构造的条件下，预报距离变小，甚至小于10 m。雷达探测的效果主要取决于不同介质的电性差异，即介电常数。若介质之间的介电常数差异大，则探测效果就好。由于该法对空洞、水体等的反映较灵敏，因而在岩溶地区用得较普遍。电磁波的传播取决于物体的电性，物体的电性主要有电导率μ和介电常数ε，前者主要影响电磁波的穿透（探测）深度，在电导率适中的情况下，后者决定电磁波在该物体中的传播速度。因此，所谓电性介面也就是电磁波传播的速度介面。不同的地质体（物体）具有不同的电性，因此，在不同电性的地质体的分界面上，都会产生回波。

地质雷达是一种基于电磁波的基本理论发展的利用天线向四周发射高频宽频带短脉冲电磁波的物探方法，它可以勘测出一些较隐蔽分布的介质或是既定测量目标。在使用雷达勘查岩溶塌陷地区时，如果基岩面较完整，那么反射波的同相轴连续性会相对正常，波组运动状态良好，信号也比较强。而对于部分塌陷区或是溶蚀发育区，在用地质雷达进行勘查时，雷达的波组显示就会发生异常，程度会加大，而且原来的连续相位多的双曲线运动也变得没有规律，这也是判断岩溶是否塌陷的主要依据。对于灰岩、白云岩等可溶性较强的岩石地区，出现岩溶塌陷的概率极高，一方面是由于水的溶蚀，另一方面是其他因素造成的溶洞扩大。这种岩溶塌陷的地质灾害一般出现在较为隐蔽的地区，安全隐患也非常大，因此要在地质雷达技术的基础上，不断加强这方面的技术研究。

▶9.4 隧洞施工超前预报分类

1. 水平钻孔

在隧洞内安放水平钻机进行水平钻进，根据钻孔资料来推断隧洞前方的地质情况。钻孔数量、角度及钻孔深度可人为设计和控制。由钻进速度的变化、钻孔取芯鉴定、钻孔冲洗液颜色、气味、岩粉及遇到的其他情况来预报。此法可以反映岩体的大概情况，比较直观，施工人员可根据实际地质情况进行下一步施工组织。

水平钻孔主要布置在开挖面及其附近，既可在超前导洞内布置钻孔，也可在主洞工作面上进行钻探，用以获得准确可靠的地质资料，确保施工组织。该法可获得工作面前方一定距离的岩芯，也可由钻孔出水情况判断前方有无地下水和前方何处有地下水，从而可以得到开挖面前方的地质情况。该法是施工预报最有效的方法之一。

测量布孔：施钻前按孔位设计图设计的位置用全站仪或经纬仪准确测量放线，将开孔孔位用红油漆标注在开挖工作面上。

设备就位：孔位布好后，设备就位，接通各动力电源和供风、供水管路。安装电路要由专业电工操作，确保安全，供风管路要连接紧密，无漏气现象。

对正孔位，固定钻机：将钻具前端对准开挖工作面上的孔位，调整钻机方位，将钻机固定牢固。

开孔、安装孔口管：孔口管必须安设牢固。

成孔验收：施钻满足设计要求，经现场技术人员确认签收后方可停钻终孔。

钻机定位完毕后，对钻机进行机座加固，使钻机在钻进过程中位置不偏移，做到钻孔完毕钻机位置不变。在钻进过程中应定期检查机器的松动情况，及时调整固定。

对钻具的导向装置尽可能加长，并且选用刚度较强的钻杆，从而提高钻具的刚度，减少钻具的下沉量，达到技术的要求。不能使用弯曲钻具。

当岩层由软变硬时应采用慢速，轻压钻进一定深度后，改用硬岩层的钻进参数。钻进中应减少换径次数。

本循环钻孔完毕后，根据测量结果总结出钻具的下沉量，下一循环钻探时通过调整孔深、仰俯角等措施控制下沉量在设计要求的范围内，达到技术要求的精度。

2. 超前导坑

导坑按其与正洞的相互位置分为平行导坑和正洞导坑。其中，平行导坑与正洞平行，断面小且和正洞之间有一定距离，通过对导坑开挖中遇到的构造、结构面或地下水等情况做地质记录与分析，进而对正洞地质条件进行预报。该法的优点是：预报成果比较直观、精度高、预报的距离长、便于施工人员安排施工计划和调整施工方案，还可以起到减压放水、改善通风条件和探明地质构造条件的作用。同时，还可用作排除地下水、断层注浆处理、扩建成第二条隧洞之用。正洞导坑布置在正洞中，是正洞的一部分，其作用与平行导坑相比，效果更好。超前导坑的缺陷为：一是成本太高，有时需要全洞进行平导开挖；二是施工工期较长。

3. TSP超前预报技术

TSP（tunnel seismic prediction）超前预报系统是利用地震波在不均匀地质体中产生的反射波特性来预报隧洞掌子面前方及周围临近区域的地质情况。该法属多波多分量探测技术，可以检测出掌子面前方岩性的变化，如不规则体、不连续面、断层和破碎带等。它可以在钻爆法或TBM开挖的隧洞中使用，而不必接近掌子面。数据采集时在隧洞一边侧墙等间隔钻制24个炮孔，而在两侧壁钻取两个检波器孔，把检波器置入套管中，依次激发各炮，从掌子面前方任一波阻抗差异界面反射的信号及直达波信号将被两个三分量检波器接收，该过程所需时间约1 h。然后利用TSPwin软件处理可得P波和S波波场分布规律，其分析过程为：数据调整→带通滤波→首波拾取→拾取处理→炮能量平衡→直达波损耗系数Q估算→反射波提取→P波、S波分离→速度分析→纵向深度位置搜索→反射界面提取等，最终显示掌子面前方与隧道轴线相交的反射同相轴及其地质解译的二维或三维成果图。由相应密度值，可算出预报区内岩体物理力学参数，进而可划分该区围岩工程类别。实践表明该法有效预报距离为100～200 m。

通过分析反射波速度，即可进行时深转换，由隧洞轴的交角及洞面的距离来确定反射层所对应界面的空间位置和规模，再结合P波和S波的动力学特征，遵循以下原则来推断地质体的性质：①正反射振幅表明进入硬岩层，负反射振幅表明进入软岩层；②若S波反射较P波强，则表明岩层饱水；③v_P/v_S增大或泊松比突然增大，常常由于流体的存在而引起；④若v_P下降，则表明裂隙或孔隙度增加。

TSP超前预报技术作为一种比较先进的探测手段已在我国水利、水电、铁路、公路、煤炭等系统的各类隧洞或地下洞室工程中得到应用，它具有预报距离相对较长、精度较高、提交资料及时、经济等优点，应用于与隧洞轴线垂直或呈大角度相交的面状软弱带，如断层、破碎带、软弱夹层、地下洞穴（含溶洞）以及地层的分界面等效果较好。而对不规则形态的地质缺陷或与隧洞轴线平行的不良地质体，如几何形状为圆柱体或圆锥体的溶洞、暗河及含水情况探测有一定的局限性。

4. TST超前预报技术

TST（tunnel seismic tomography）超前预报系统是通过可视化地震反射成像技术预报隧洞掌子面前方150 m范围内的地质情况，可准确预报断裂带、破碎带、岩溶发育带以及岩体工程类别变化等地质对象的位置、规模和性质。该法数据采集用多道数字地震仪，处理软件为三维地震分析成像系统。它充分运用地震反射波的运动学和动力学特征，具有岩体波速扫描、地质构造方向扫描、速度偏移成像、吸收系数成像、走时反演成像等多种功能，从岩体的力学性质、岩体完整性等多方面对地质情况进行综合预报。

测试时可在隧洞内掌子面、两侧、上顶和下底面，也可在隧洞外山顶布置。洞内观测时检波器埋入岩体1～1.5 m，以避免声波和面波干扰。可采用爆炸或锤击激发地震波。

TST软件包括地震数据预处理和偏移成像等功能。预处理功能包括：①噪声和干扰切除；②滤波和面波清除；③小波分析与信号加强；④地震波能量吸收谱分析；⑤地震波走时拾取。偏移成像功能包括：①速度扫描分析与岩体工程类别判别；②方向扫描与构造产状分析；③地质界面速度偏移成像；④岩体完整性吸收偏移成像；⑤地震波走时地质界面反演成像；⑥断裂与破碎带智能识别。

该技术在隧洞应用取得了良好的效果，所得成果为：①地质界面波速偏移成像；②岩体吸收特性偏移成像；③地震波走时反演成像。

5. 红外探水法

在掌子面后方60 m处，朝掌子面方向每隔5 m对隧道周边探测一次，如图9-6所示。每次探测顺序依次为左边墙、左拱腰、拱顶、右拱腰、右边墙和隧底中线，每个断面的测点布置示意图如图9-7所示。共探测12个断面，这样沿隧道轴线方向共形成6条探测曲线，分别为左边墙探测曲线、左拱腰探测曲线、拱顶探测曲线、右拱腰探测曲线、右边墙探测曲线和隧底中线探测曲线。

掌子面的测点布置如图9-8所示，在掌子面上水平方向自上而下布置4条测线，每条测线上布置6个测点。

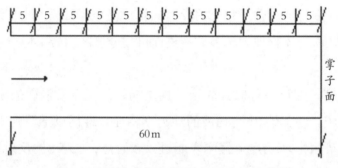

图9-6　沿隧道轴向探测断面布置示意图

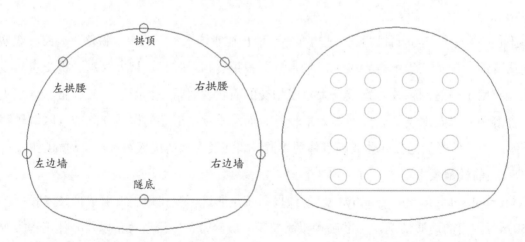

图9-7　每个断面测点布置示意图　　图9-8　掌子面测点布置示意图

如果掌子面前方介质相对均匀，未遭受构造破坏，6个探测点场强的横向最大差值，是在一个小的波动范围内变化，通过正常掘进可总结一个当地的场强变化上限。

当掌子面前方出现构造时，首先是地层结构遭受破坏，介质密度发生变化，构造中又填充了水，从微观角度讲，由于上述变化相对各探测点空间距离的不同，因而使得辐射场强绝对值之差增大。鉴于此，可以根据正常离散值来确定前方有无含水构造。

当掌子面前方不存在含水构造时，各探测曲线的数值变化是在一个正常场的变化范围内波动；

当掌子面前方存在含水构造时，含水构造这个灾害源就会产生一个灾害场，向四面八方传播，当然也会向掌子面后方传播。如果含水构造在掌子面前方不超过30 m，探测时将会发现前方含水构造产生的红外异常。根据各条探测曲线是否存在红外异常，可以确定掌子面前方是否存在含水构造。

结果如图9-9、9-10所示。

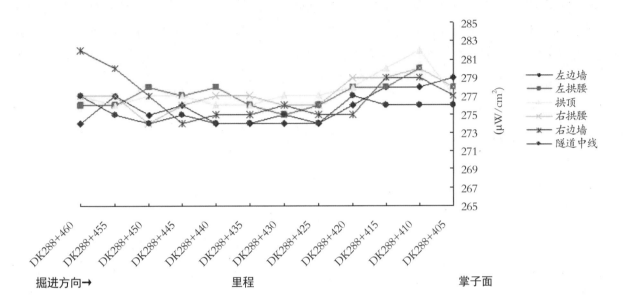

图9-9　沿隧道轴向红外探测曲线图

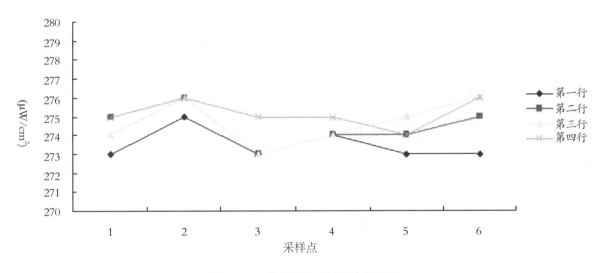

图9-10　掌子面红外探测曲线图

6. 结论

根据本次掌子面探测所得数据分析，最小值为273 μW/cm²，最大值为276 μW/cm²，差值为3 μW/cm²，小于允许的安全值10 μW/cm²。根据在左边墙、左拱腰、拱顶、右拱腰、右边墙和隧底中线的各探测曲线可知，在整体上红外探测曲线呈平缓态势。

根据上述两种判释方法，结合隧道已开挖段的含水情况综合分析：掌子面前方30 m范围内围岩破碎，含水，发生涌突水的可能性极小。

▶9.5　孤石探测

"孤石"是花岗岩不均匀风化所残留的风化核，埋藏分布随机，形状大小各异，给地下施工带来重大安全隐患。孤石探测就是为地下工程施工去除这些隐患，未探明的孤石会给地铁盾构施工带来重大安全隐患。在花岗岩残积层中钻遇孤石时，盾构掘进非常困难，盾构机姿态难以控制，刀盘频繁被卡或严重变形甚至磨损，即使能通过地面土壤加固、排石或换刀等技术措施处理，也会极大地增加施工成本，对工期和投资控制产生重大不利影响，更严重时，甚至导致工作面喷涌、塌方，危及地面行车或建筑物安全。

孤石成因及分布规律如下。

从土壤的形成机理可知，地层中孤石的存在主要可分为三种：

1. 人为回填造成。

2. 洪积土层中因山洪搬运而来。

3. 岩石在风化营力的作用下，经完全风化成土而未经搬运的为残积土。岩石中除石英等耐蚀矿物外均风化成次生矿物，原岩结构形态均保存，原矿物位置排列不变，并具有微弱的黏结力，块体可用手捏碎，岩体一般风化较均一，为全风化岩。而夹杂在残积土和全风化岩里面的中风化岩和微风化岩则称为孤石。

从孤石的成因可知，除去人为回填因素，残积土中可能存在未经完全风化且未经搬运的岩石残留物，而洪积土中则存在经山洪搬运而来的孤石，故盾构在此类土层中施工时，需提前制定应对措施。

利用综合工程物探方法查明孤石情况及空间分布状态，给设计提供地质依据，主要有高密度电法和天然源面波勘探（无损的微动探测技术）。

1. 天然源面波勘探技术

天然源面波勘探技术，利用自然界中存在的、天然的、微弱的面波信息，实现工程勘查目的。自2015年流行以来，其以效率高、精确率高、应用广而著称，打破了30多年来天然源面波盲目采集与被动工作的局面。天然源面波勘探技术在测点安置好仪器，依靠仪器的智能工作，30 min内即可获得上百米地层横波速度资料，走出了地震波勘探设备只是采集器的局面。

天然源面波勘探技术在前期表面波频谱分析法（SASW）基础上发展起来，自20世纪80年代应用于工程实践以来，由于其浅层分辨率高、检测方便快捷的特点，已在确定路基压实度、地基承载力、评价地基填石分布状态等方面得到广泛应用。

天然源面波勘探技术经信号采集、筛选、处理、累计迭代，至形成面波频散曲线，一次完成，仪器上直接显示面波频散曲线逐渐生成、地质界面逐渐确定的过程，所有过程无需人工干预，由仪器的智能技术自动完成。随着迭代次数的增加面波频散曲线逐渐趋于收敛稳定，届时地层界面、厚度、速度清晰，土层软硬显而易见。

该方法主要优点：

物探检测仪器设备的智能化、可视化、定量化是发展的方向，化繁为简是趋势。

智能微动利用大自然中赋存的能量，节能环保，便捷安全，易推广。

面临转型升级，随着科学技术的发展，地勘在发展物探检测等先进技术，研制并应用高端综合钻探设备和技术。

主要应用方面：

（1）建筑地基勘查；

（2）道路机场工程勘查；

（3）城市地铁轨道交通工程勘查；

（4）盾构施工的预报；

（5）地震防灾减灾与地震安评；

（6）采空区调查；

（7）堤坝隐患检测；

（8）地基加固效果检测。

现场采集原始数据：

在同一地段测量出一系列频率对应的 V_r 值，就可以得到一条 V_r—f 曲线，即所谓的频散曲线，频散曲线的变化规律与地下地质条件存在着内在联系。通过对频散曲线进行反演解释，可得到地下某一深度范围内的面波传播速度 V_r 值，V_r 值的大小与介质的物理特性有关，据此可对岩土的物理性质作出评价。

探测采用多边形阵列观测系统，每个多边形阵列由放置于多边形顶点和中心点的 12 个摆及一套记录仪组成。数据正式采集之前，对记录仪进行采集参数设置。在仪器放置到位、确保进入正常工作状态后，尽量保持周围环境相对安静，以利于有效记录数据。实际施工时按照设计的观测系统沿测线逐点进行观测，单点每次观测时间为 10～20 min，观测结束后将整个台阵移动到下一个勘探点观测。

2. 高密度电法

高密度电阻率法是一种阵列勘探方法，也称自动电阻率系统，是直流电法的发展，其功能相当于四极测深与电剖面法的结合。通过电极向地下供电形成人工电场，其电场的分布与地下岩土介质的电阻率 ρ 的分布密切相关。通过对地表不同部位人工电场的测量，了解地下介质视电阻率 ρ_s 的分布，根据岩土介质视电阻率的分布推断解释地下地质结构。该方法对围岩的含水情况特别敏感，围岩破碎含水，其视电阻率明显降低，完整、坚硬岩土的视电阻率明显高于断层带或破碎带和富水带围岩的视电阻率。这种方法原理清晰，图像直观，是一种分辨率较高的物探方法。近年来随着计算机数据采集技术的改进，使勘探效率大大提高，增大了剖面的覆盖面积和探测深度，在强干扰的环境下也能取得可靠数据，大大地提高了信噪比，可准确地探测地质体。该方法在工程与水文地质勘探和矿产、水利资源勘查中有着广泛而成功的应用。

高密度电法是许多普通电法排列、测点的集合，是将许多电极（一般为 60 个以上）按一定极距（一般为 1～6 m）排列，通过电缆、转换开关同测量仪器相连。测量时，测量仪器通过指令控制转换开关，以一定的排列顺序将电极转换成供电电极或测量电极。

当岩体完整时，视电阻率灰阶图像成层状分布，透过表层（水）后其视电阻率沿垂直方向应呈升高趋势，并且在土层（或覆盖层）和基岩（孤石）的分界面应有明显的视电阻率差异。

高密度电法数据采集使用的仪器为GEOPEN公司生产的E60B型高密度电法仪和终端选址开关电极及专用电缆设备。

本次勘查使用装置为：点距3 m，60个电极，排列长度180 m，勘探深度最大超过60 m，滚动覆盖。

由于加大排列长度，会使深层（大极距时）高压供电困难，从而使深部勘探信息变弱。为保证勘探质量，采取了如下主要措施：

保证各电极和电缆连接良好。每天清洗电极和电缆连接点，在安插电极时，将电极和电缆连接点擦拭干净，同时检查接点处有无泥土和异物，保证电极、电缆连接良好，减小接地电阻，提高供电效能。

每次安插好电极时，压紧和电极接触处的泥土，减少电极和泥土耦合接触电阻，进一步减小接地电阻和提高供电效能。

为防止电缆长度加大，内阻加大，电压下降，开关转换不好，造成坏点增多现象，采用多端供电技术。

以上措施有效地减小了接地电阻，提高了供电效能，同时使坏点减少到最低限度甚至完全消除，保证了勘探质量。

第十章 | 国内外先进雷达设备介绍

▶10.1 LTD-60型智能道路检测雷达系统

10.1.1 背景

LTD-60型智能道路检测雷达系统由原信息产业部电子第二十二研究所以三十年地下目标探测技术为基础，以高机动车辆为平台，以超宽带探地雷达技术为核心，融合高清图像和视频系统，辅以GPS和里程定位技术，对道路表面、内部以及地下缺陷进行探测，具有高速采集、精准定位、多通道、全断面检测等优点，充分实现了对路面、路基的全方面检测和综合分析。

1. 设备介绍

LTD-60型智能道路检测雷达系统由多通道探地雷达子系统、高清晰照相和视频采集子系统、GPS和距离测量子系统、控制及数据处理中心以及车辆平台等五部分构成。系统由距离测量子系统同步工作，并通过距离信息索引可实现雷达、道面图像和视频影像的检索。系统的构成及布置如图10-1所示。

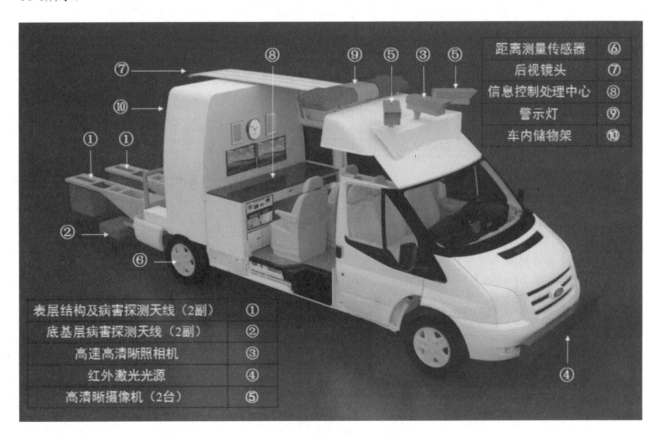

图10-1 LTD-60型智能道路检测雷达系统构成及布置示意图

2. 主要指标（详见表10-1，表10-2）

表10-1　LTD-60型智能道路检测雷达系统整体指标要求

类别	项目	技术指标
整体指标	系统运行要求	（1）多通道探测，多探测手段融合。 （2）模块化设计，所有子系统均可同时工作，也可独立工作。 （3）雷达、视频、激光断面仪数据同步采集，同时对应分析。 （4）满足我国北方（寒冷地区）的路面检测要求。 （5）能全天候进行检测。 （6）满足各种路况下安全行驶的要求。 （7）外置设备具有良好的防尘、防水功能
	系统主要功能要求	（1）基于探地雷达的地下病害采集与分析。 （2）基于线阵相机的路面病害采集与分析。 （3）平整度及构造深度测量。 （4）道路景观数据采集。 （5）综合数据融合与分析系统
	系统软件运行要求	（1）软件界面风格统一，简洁明了，操作符合Windows规范。 （2）完成各子系统的数据采集工作。 （3）输出报表格式符合相关规范和标准的规定。 （4）能对路面、地下病害数据进行融合、分析和判断

表10-2　LTD-60型智能道路检测雷达系统各种技术配置

类别	系统名称	系统明细	技术要求
车载平台	检测车车体	福特全顺经典17座（改装）	（1）车体为轻/中型客车，采用四缸或以上发动机，尾气排放应达到国4及以上标准。 （2）改装后不少于4座，工作空间宽敞舒适。 （3）改装后车辆尺寸范围：不大于6500 mm(长)×2000 mm(宽)×2500 mm（高），车厢内净空高度不小于1.5m。 （4）车体改装符合国家要求
	供电系统	综合电源管理系统	（1）提供整体系统工作电源供应及充电管理。
		免维护蓄电池组	（2）可外接电源充电或车体辅助供电。 （3）一次可工作时间不少于8h。
	警示系统	车顶警示灯	（1）提醒来往车辆规避，保证行车安全。
		车尾及四周警示灯	（2）发出不同的警示声音。
		车尾设备监视摄像头	（3）监视车尾设备的运行情况
	定位系统	高精度差分GPS	（1）实时动态RTK定位，精度：厘米级。
		DMI测距系统	（2）双路光电编码器，测距分辨力：1mm
八通道探地雷达探测系统	道路质量探测评价及道路塌陷灾害预警系统	八通道雷达同步单元	（1）控制多个通道的雷达系统同步、同时工作。 （2）扫描速度：64～1024道/s。
		八通道雷达主控单元	（3）扫描点数：128～8192，可调。 （4）时窗：1～8000 ns。 （5）时间分辨力：5 ps。 （6）动态范围：大于130 dB。
		AL1.5 GHz和2 GHz喇叭天线各一副（含支架）	可探测地下由浅至深1 m范围内的结构层厚度
		屏蔽100 MHz天线一副（含支架）	可探测地下0～10 m不同深度的大型病害（与土壤特性有关）
		屏蔽270 MHz天线一副（含支架）	可探测地下0～5 m不同深度的中型病害（与土壤特性有关）
		屏蔽400 MHz天线四副（含支架）	可探测地下0～3 m不同深度的小型病害（与土壤特性有关）
		地下病害雷达数据采集工作站一台	（1）处理器：Intel酷睿i5及以上。 （2）内存容量：4 GB及以上。 （3）硬盘容量：1 TB及以上。 （4）显示器：24 in（1 in=2.54 cm）

待续

续表

类别	系统名称	系统明细	技术要求
路面病害检测系统	路面病害照片数据采集系统	高分辨力线阵相机一台	（1）线阵相机分辨力：不小于4096像素。 （2）线阵相机扫描频率：不小于18 kHz。 （3）路面图像检测精度：不大于1 mm。 （4）路面检测宽度：不小于3.75 m
			（1）检测时间：全天候。 （2）实时采集GPS数据。 （3）检测病害类型：裂缝类（龟裂、块裂、横裂、纵裂）及其他路面病害。 （4）最小裂缝宽度：1 mm。 （5）全车道无缝覆盖
		红外激光光源	（1）为线阵相机提供光源。 （2）输出功率：10 W。 （3）波长：808 nm
		路面病害图像数据采集工作站一台	（1）处理器：Intel 酷睿i5及以上。 （2）内存容量：4 GB及以上。 （3）硬盘容量：1 TB及以上。 （4）显示器：24 in
多功能激光路面测试系统	平整度和构造深度测量系统	横断面激光传感器	（1）17个进口高精度激光传感器。 （2）分辨力：0.005 mm。 （3）采样频率：16 kHz。 （4）激光传感器与路面净距要求为300±100 mm。 （5）三段式可拆卸测试横梁
			（1）给出符合《公路养护技术规范》（JTG H10—2009）等标准和规范要求的检测指标。 （2）IRI 范围：0～15 m/km。 （3）IRI 分辨率：0.01 m/km。 （4）构造深度测试分辨力：小于0.1 mm。 （5）车辙测试范围：0～200 mm。 （6）车辙测试分辨力：0.1 mm
路况及路产调查视频采集系统		高分辨力摄像机二台	（1）检测时间：全天候。 （2）帧率：24 帧/s。 （3）检测速度：0～120 km/h。 （4）设施目标定位精度：不大于1 m

3. 硬件系统（详见表10-3）

表10-3 LTD-60型智能道路检测雷达硬件系统

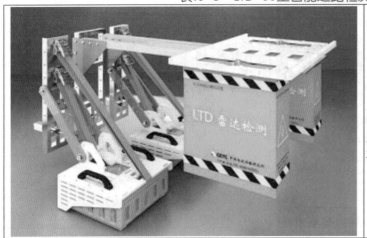

中高频雷达探测矩阵。多通道雷达配合中高频天线阵，探测道路浅层管线、土基空洞、脱空、沉降等结构病害缺陷，检测道路面层、垫层厚度，裂缝和破碎等，最小层厚分辨力可达3 mm。可对道路面基底层结构分布探测

待续

155

中高频雷达探测矩阵。多通道雷达配合中高频天线阵，探测道路浅层管线、土基空洞、脱空、沉降等结构病害缺陷，检测道路面层、垫层厚度，裂缝和破碎等，最小层厚分辨力可达3mm。可对道路面基底层结构分布探测

中低频雷达探测矩阵增强型。多通道雷达配合增强型中低频天线阵，能更精准探测道路下的深层管线、土基裂隙、空洞、脱空、塌陷等机构缺陷、灾害

便携式雷达系统。设备采用超宽带双频天线，系统兼顾了探测深度和分辨率两项指标，可同时对地下0~5m内各种材质、不同深度异常目标进行快速无损探测，特别适用于无法使用车载的地方，使用人工推的方法进行探测道路病害和市政管网

待续

续表

采用固定在前方车顶的高速高清晰线阵扫描照相机和大功率红外激光照明技术相结合，在距离测量传感器触发下对路面进行高速连续拍摄，由分析软件对道路表面裂缝、修补、沉降及异物进行识别、统计

多功能激光路面测试系统。采用先进的激光检测技术和传统的惯性基准传递检测理论，十三路激光测量方式和大功率、长量程、斜射式激光传感技术组成的三段式横梁结构，实现了同步测量国际平整度指数IRI、构造深度SMTD以及全车道路面车辙的一体化功能。主要用于城市道路及各等级公路的路面车辙、路面平整度、路面构造深度等参数的采集、评价测试及指标验收

视频采集系统。通过固定在车顶的两部高速数字摄像机对车辆前方和右侧的景物进行记录，这些视频信息可以实时记录道路沿线设施状况信息，还可以用于辅助道路病害的现场精确定位

高清红外摄像机。采用高精度距离测量传感器（DMI）和RTK差分GPS对系统工作进行准确的同步，保证各种传感器检测位置坐标的一致性，方便对道路病害等进行准确分析和定位

4. 软件系统

处理软件的界面如图10-2所示。

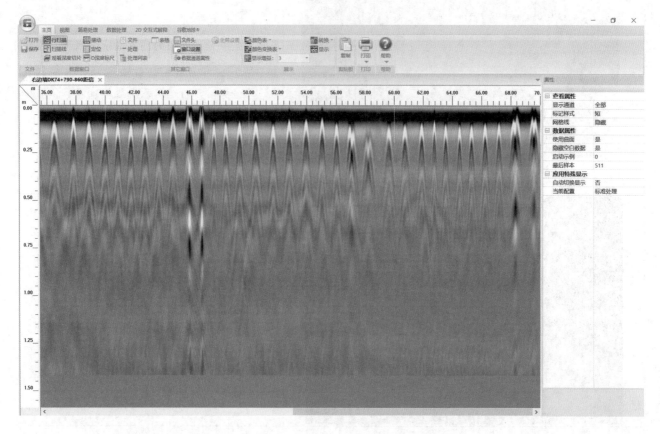

图10-2　处理软件界面

（1）系统采集软件

系统采集软件的数据处理界面如图10-3所示。

①具备八通道雷达数据实时采集、参数设置、存储和显示功能；

②具备路面图片数据实时采集、参数设置、存储和显示功能；

③具备横断面曲线及车辙数据实时采集、参数设置、存储和显示功能；

④具备道路景观视频数据实时采集、参数设置、存储和显示功能；

⑤具备GPS信息实时采集、参数设置、存储和显示功能；

⑥具备基于GIS的实时检测轨迹显示功能；

⑦具备雷达数据、图片数据、视频数据同步回放功能；

⑧具备雷达数据、图片数据、视频数据关联定位功能；

⑨具备操作信息、探测信息、定位信息等实时显示功能；

⑩具备对作业设备的实时监测功能；

⑪雷达数据和路面图片中应包含GPS信息；

⑫显示平整度、构造深度指标及趋势曲线图。

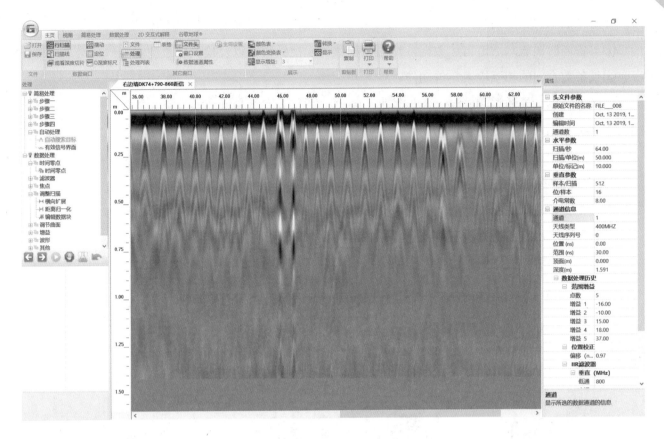

图10-3　数据处理界面

（2）雷达系统分析及处理软件

①具备参数设置功能，包括头文件编辑、数据显示方式设置、标记编辑；

②具备预处理功能，包括数据合并与分割、剖面翻转、道标准化；

③具备雷达数据处理功能，包括一维滤波、反褶积、数学运算、基尔霍夫偏移、零点校正；

④具备层位追踪和厚度计算功能；

⑤具备地下管线的自动识别功能；

⑥具备地下不同类型的病害（空洞、脱空、含水等）识别和分析功能；

⑦具备路面病害（各种裂缝）分类、识别功能；

⑧具备路面病害面积计算功能；

⑨具备输出路面病害的信息（类型、位置、大小、病害级别）功能；

⑩具备病害定位功能；

⑪具备数据分段统计处理、输出报表功能；

⑫能输出符合《公路养护技术规范》（JTG H10—2009）等标准和规范要求的检测指标（IRI、SMTD、RD）；

⑬能输出符合国家标准形式的公路结构检测报表；

⑭能输出地下病害统计报表（包括位置、车道、病害类型、深度、长度）；

⑮能输出路面病害的统计报表（包括位置、车道、病害类型、数量、长度、面积）。

（3）综合数据融合软件

①具备同时回放八通道雷达数据，路面照相数据、视频数据以及检测轨迹的功能；

②具备数据间的相互检索定位功能；

③具备数据成果通过GIS平台统一管理功能；

④具备数据及相关联的坐标均完整地存储到SQL数据库中的功能；

⑤具备对数据库中的数据进行分类查询功能；

⑥具备对数据库中的数据进行添加、修改、删除功能；

⑦具备在GIS平台上显示数据的空间分布情况功能；

⑧具备对各路段的数据进行统计输出功能；

⑨具备以多种方式（行政区域、经纬度、道路名）查询数据功能；

⑩具备监控道路病害发生发展过程功能。

10.1.2　工作原理

1. 道路病害路况信息查询流程如图10-4所示。

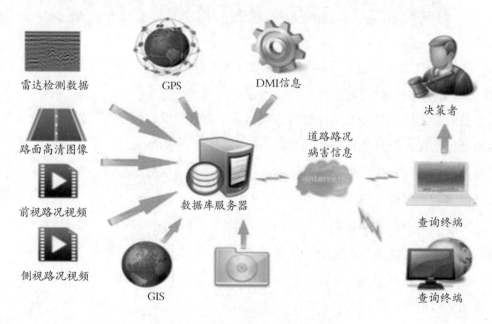

图10-4　道路病害路况信息系统

2．主要的工作流程如图10-5所示。

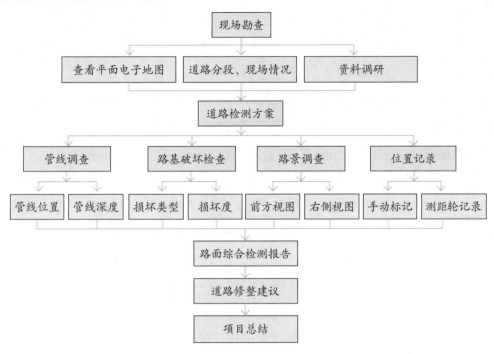

图10-5 主要工作流程

3．针对异常或病害的判断常常需要进行复测，以排除一些干扰或其他人工设施，主要的异常的调查流程如图10-6所示。

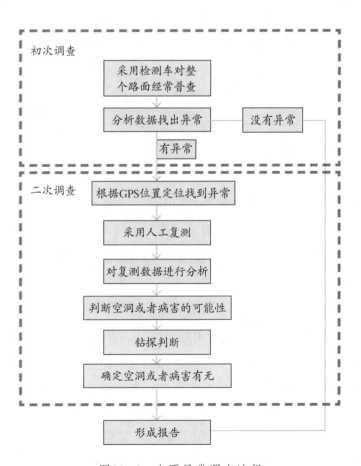

图10-6 主要异常调查流程

10.1.3 应用领域及优点

原信息产业部电子第二十二研究所LTD探地雷达系列设备产品已经广泛应用在我国军事侦查、工程建设、环境保护、水文调查、地质调查、矿产勘探、灾害搜救、文物考古、科学研究等众多领域。

1. 探测效率高

进行探测作业时，车辆运动速度可达10～20 km/h，雷达天线阵列探测覆盖宽度为2.5 m，高速高清照相机覆盖宽度为4 m，因此沿着车道中心行驶探测时可覆盖整条车道。

2. 探测结论准确

一条探测路线上能连续同步采集八通道雷达图像、两路视频图像、一路高清图像、GPS信息，这些信息可以实现交互检索定位，通过同步回放显示的方式再现检测现场；通过对其综合分析判断，可排除路面上方和下方人工设施的干扰，对道路下方可能存在的危险性病害进行综合分析判断，有力提高结论的准确性和工作效率。

3. 定位精度高

由于城市道路两侧没有里程标志，给探测起点的记录造成了困难。但由于其中一路视频对车体正右侧的景物进行了同步记录，当通过雷达图像确认是道路病害反应后，可以检索到现场的高清照相和视频录像，完成对现场位置的精确查找确认。

4. 探测方便，适应性强

进行探测作业时，不需要对道路实行交通管制，对交通状况影响小；夜间也可进行探测。

5. 操作简单，节省人力

两个人就可以开展探测工作，其中一人驾驶，一人进行车载设备操作。

6. 数据管理科学

数据实行工程化管理，检测结果可直观化查询。

10.1.4 案例介绍及典型图像

1. 项目背景

大连三面环海，地下地质条件、地表地形复杂多变，大连市区大部分地区分布有石灰岩、白云质灰岩、泥灰岩等可溶岩，该地层中发育溶沟、溶槽、溶洞、溶隙，岩溶发育由弱、中等到强，程度不等，不同岩层的变化及交界处，围岩易出现滑移和坍塌。加上大连建市百多年来，城市建设和人防工程对原有地形地貌改变较大，部分原有的冲沟、河谷和浅海已经回填，一些地下的人防洞已经废弃，形成暗沟、暗河及地下人防空洞，增加了地形地质条件的复杂程度。尤其是大连市地铁的地下施工，也会造成大连地下出现脱空或基层不稳等情况。

鉴于路面存在的一些问题，大连市政工程管理部门历来都非常重视对道路的维护与管理工作，并于2012年底委托原信息产业部电子第二十二研究所对大连市内的主要路段（人民路、中山路、长春路、五一路、疏港路）进行综合测试与评价工作，并依据项目成果形成的路基检测结果对路面进行科学的修补。

2. 完成检测的工作量

本次道路破损检测工作完成的实物工作量见表10-4。

表10-4 工作汇总表

道路名称	长度/m	车道	总量/m	数据量/MB
人民路	1320	7	9240	1750
人民路环岛	430	3	1290	220
中山路	7980	8~10	64 400	6120
长春路	4490	6	26 940	4123
五一路	7380	5~6	41 600	6390
疏港路	5220	5~6	26 800	5681
合计			170 270	24 284

3. 探测过程

探测时，综合公路检测系统挂接八通道阵列式天线，开启两路视频、GPS和测距装置，打开安装在车四周的闪烁警灯，按照城市时段对车喇叭等声音的要求播放不同提示音乐，后面跟随一辆工程车配合，以20 km/h左右的速度对经过道路进行实时探测。

4. 人民路探测概况

人民路探测主要包括从港湾广场至中山广场之间路段，包括港湾广场和中山广场两个环岛，单向测线长度1.8 km，对双向6车道的所有车道进行探测，测线总长10.8 km，如图10-7到10-14所示。

图10-7 人民路检测路段

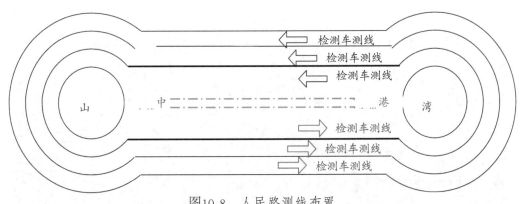

图10-8 人民路测线布置

163

图10-9　人民路现场检测照片

5. 数据处理结果及病害统计

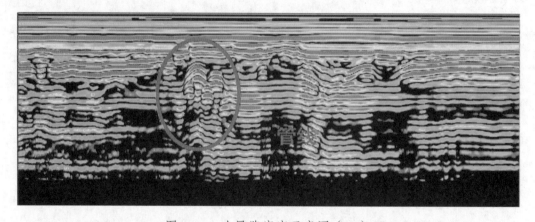

图10-10　人民路病害示意图（一）

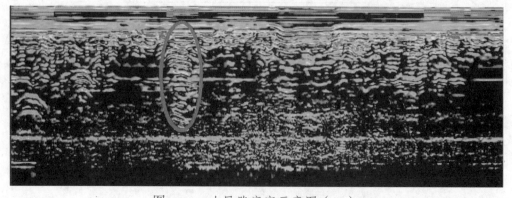

图10-11　人民路病害示意图（二）

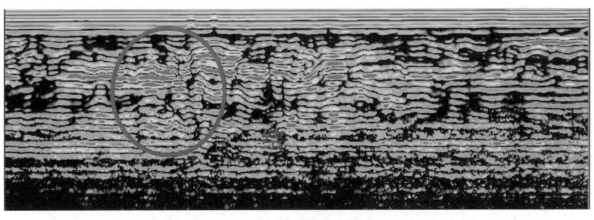

图10-12　人民路病害示意图（三）

图10-13　人民路病害卫星示意图（一）　　　图10-14　人民路病害卫星示意图（二）

　　在人民路路段发现了3处疑似空洞，12处疑似脱空，严重病害25处，如图10-15所示。这些严重病害需要及时处理，尤其是空洞及脱空病害，可能存在安全隐患。同时在路段较好区域可以得到道路各层的层位曲线，计算得到层位厚度为：内侧1车道沥青面层厚度较均匀，为23～26 cm之间；中间车道沥青面层厚度为19.5～24 cm之间；外侧3车道沥青面层厚度明显减小，且厚度变化较大，均值在13 cm左右，层位曲线不明显。

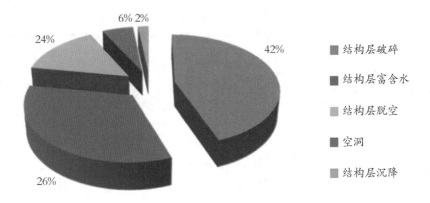

6% 2%

24%

42%

26%

■ 结构层破碎

■ 结构层富含水

■ 结构层脱空

■ 空洞

■ 结构层沉降

图10-15　人民路病害统计图

6. 典型图像

地下管线典型图谱见图10-16到10-19。

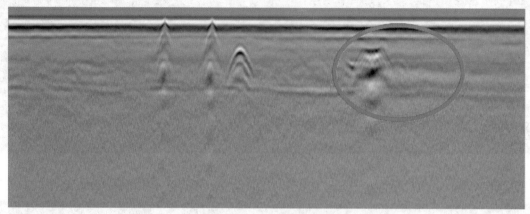

图10-16　浅层管线反应图

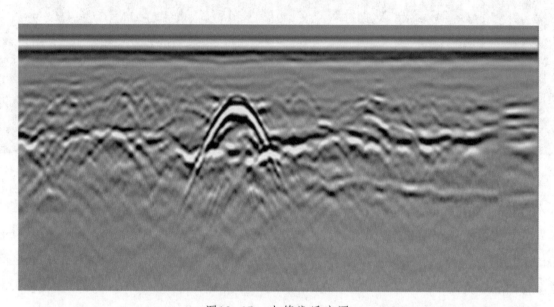

图10-17　大管线反应图

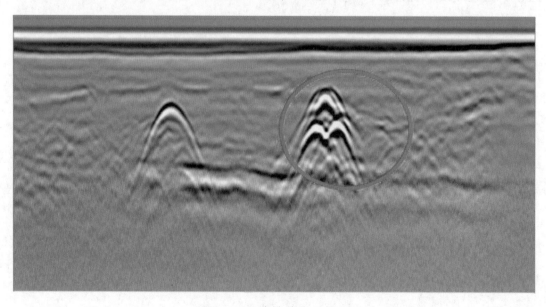

图10-18　并排管线反应图

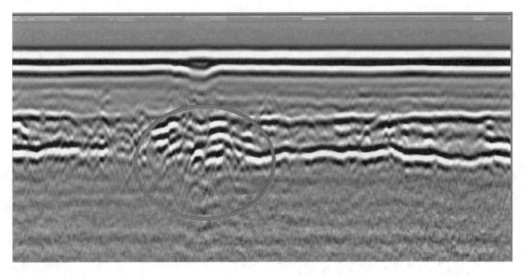

图10-19　管线附近脱空

10.1.5　地下异常及典型图谱

雷达对地下目标，主要通过电磁波传播遇到目标时的反射回波进行识别。因此在城市道路中，出现的目标回波种类很多，归纳起来主要有以下几个方面。

1. 介质均匀好的路段

雷达波向下传播无大的反射，雷达显示图谱为暗色基调，表明雷达电磁波向地下渗透良好，无灾害及病害目标反射，见图10-20。

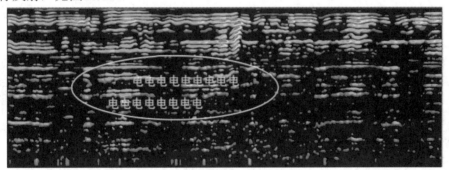

图10-20　完好优良路段雷达图谱

2. 雷达结构层厚度

在路况好的地段，无其他道路病害时，道路各层介质均匀，每层内部雷达反射信号较小，层与层之间界面清晰，雷达能够对道路的结构进行准确分层，见图10-21。

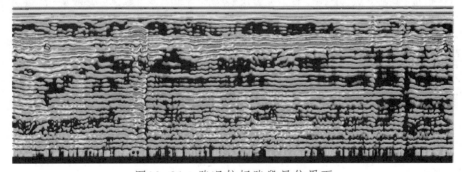

图10-21　路况较好路段层位界面

3. 道路中的裂缝

道路裂缝主要有表面裂缝和隐性裂缝，其中表面裂缝可以通过观察得到位置，但无法得到裂缝的贯穿深度，通过雷达探测，主要表现为极小的纵向宽度和较强的反射。隐性裂缝肉眼不能识别，但雷达能够探测得到，主要分布在结构层内。结构层中的裂隙雷达图谱上显示由浅入深呈带状的强反射分布，与周围介质差异较大，反应明显，通常呈斜线状反应，见图10-22。

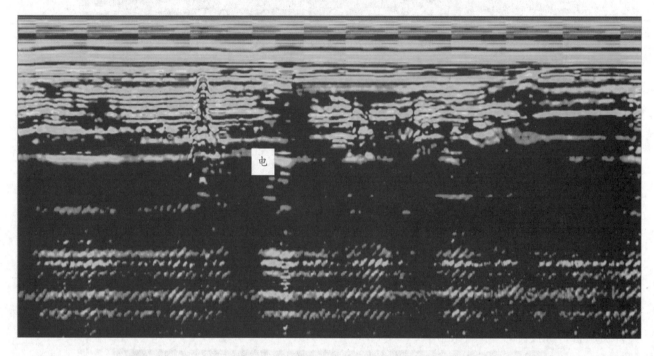

（a）

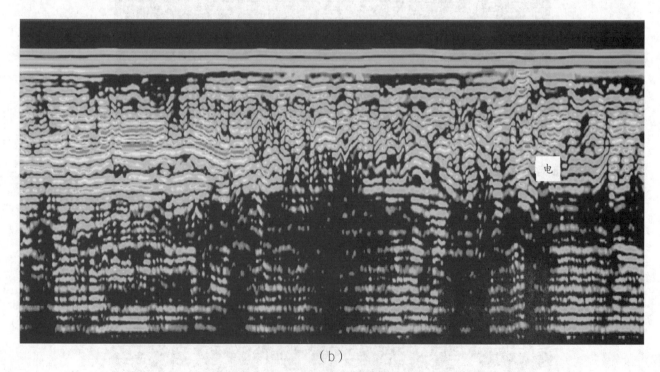

（b）

图10-22　典型的裂缝反应

4. 道路下的脱空

道路脱空雷达图谱界面反射信号强，呈带状长条形或三角形分布，三振相明显，通常有多次反射信号，见图10-23。

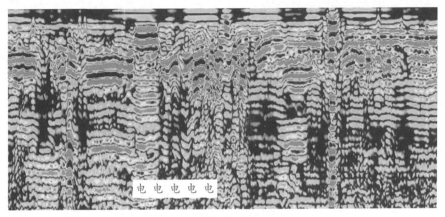

图10-23　结构层脱空反应

5. 空洞

空洞在雷达图谱中主要表现为强反射，存在不连续的多次反射，同时有一定的弧形反应，见图10-24。

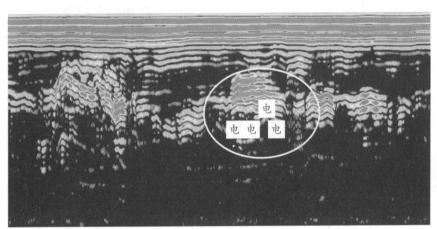

图10-24　疑似空洞的反应

▶10.2 中铁建工隧道雷达检测系统

10.2.1 背景

中铁建工研发的车载式隧道质量检测系统是针对公路、铁路隧道衬砌和仰拱缺陷的快速检测而研发的一款全断面智能化装备。与传统的检测方式相比，具备作业效率高、劳动强度低、作业人员少、信息化程度高等优势。

10.2.2 设备介绍

车载式隧道衬砌质量检测系统是针对公路、铁路隧道衬砌和仰拱缺陷的快速检测而研发的一款全断面装备。该设备由汽车底盘、机构室、探地雷达检测系统、操作室、机械臂总成五大部分组成，具体系统的构成及布置如图10-25所示。

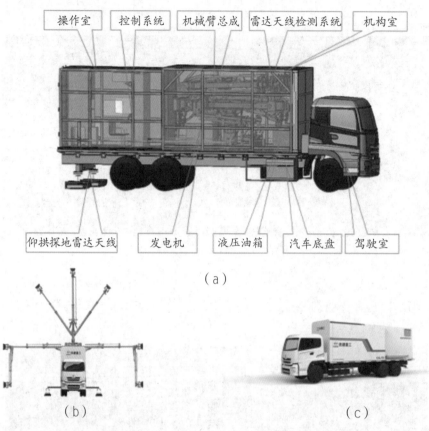

（a）

（b）　　　　　　　　　　　　　　　（c）

图10-25　车载式隧道衬砌质量检测系统

10.2.3　技术参数

车载式隧道衬砌质量检测系统技术参数如表10-5所示。

表10-5　车载式隧道衬砌质量检测系统技术参数

项目		单位	参数
整机尺寸		mm	（长×宽×高）11 000×2520×3975
工作范围		mm	大隧道断面：（宽×高）14 000×10 300　　小隧道断面：（宽×高）8680×8650
整机重量		t	28
行驶速度		km/h	60
检测作业速度		km/h	5～10
电气控制			遥控
发动机功率		kW	220
电气功率		kW	5
测线布置			拱顶1条，拱腰、拱墙、仰拱边墙交界处各2条，仰拱2条
动力方式			底盘发动机
雷达天线	频率	MHz	400（衬砌检测）　　150（仰拱检测）
	检测深度	cm	仰拱：最大检测深度>200 衬砌：≥50
	实测水平分辨力	m	≤0.02
	实测纵向分辨力	cm	<2
	臂架		雷达天线连接处带有自动缓冲机构
定位系统	光电编码器分辨力	mm	≤5
	视频采集定位误差	m	≤1

10.2.4 硬件系统

车载式隧道衬砌质量检测硬件系统如表10-6所示。

表10-6 车载式隧道衬砌质量检测硬件系统

	多节臂架伸缩机构配置定制化九通道雷达检测系统，实现隧道全断面的单次多线测量，检测效率高
	配置多个高频、低频探地雷达增强型空耦天线，能同时探测衬砌不同深度的内部缺陷
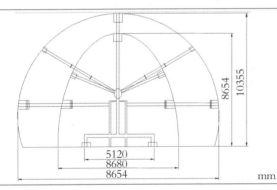	检测作业过程中，雷达检测系统具备自动缓冲功能，实现对隧道表面状态变化的自适应，规避表面障碍物的影响，保证时刻与隧道壁紧密贴合，检测精度高
	九通道检测系统：多节臂架伸缩机构配置定制化九通道雷达检测系统，实现单次全断面多测线检测，实时采集和生成图像数据，标定质量缺陷位置，准确分析隧道内部环境状况

171

10.2.5　工作原理

车载式隧道衬砌质量检测工作原理如图10-26所示。

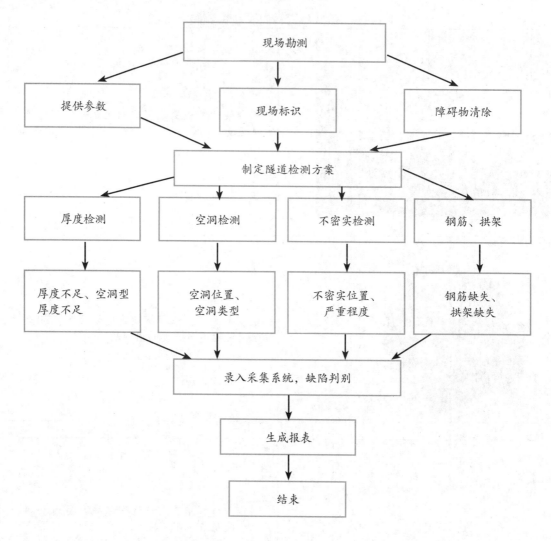

图10-26　车载式隧道衬砌质量检测工作原理

10.2.6　应用领域及优点

1. 应用领域

中铁建工隧道雷达检测系统采用汽车底盘，便于转场检测作业，臂架检测范围既可满足高铁隧道竣工衬砌质量验收，也可满足公路隧道衬砌检测。

2. 优点

1）全断面多线检测

借助多臂多级伸缩臂架结构设计，同时配备定制化多通道雷达检测系统，满足拱顶1条测线，拱腰、边墙、仰拱边墙结合处各2条测线，仰拱2条测线，共9条测线，实现对隧道的全断面多线检测。

2）直线行走辅助纠偏

车体左右两端配置激光测距仪，通过实时测量到隧道两侧壁的距离，人工调整行车方向，保证直线行驶。

3）自适应避障技术

雷达天线夹持装置具有自动缓冲功能，且安装有增进雷达耦合效果的辅助装置，减少检测车颠簸及隧道表面摩擦对检测精度及稳定性的影响。

4）里程计算+视频校核综合定位系统

配置同步触发多通道雷达的编码器及视频采集系统综合定位技术，即由光电编码器提供测距信息，配合3台可全天候工作的高分辨率摄像机对现场实时记录。

5）自适应避障功能

检测作业过程中，雷达检测系统具备自动缓冲功能，实现对隧道表面状态变化的自适应，规避表面障碍物的影响，保证时刻与隧道壁紧密贴合，检测精度高。

6）信息化程度高

采用定制化九通道雷达检测系统，实时采集和生成图像数据，标定质量缺陷位置，准确分析隧道内部环境状况。

10.2.7　案例介绍及典型图像

隧道全断面检测如图10-27所示。

图10-27　XX隧道全断面检测

1. 工程概况

根据实际资料如实填写。

备注：由于隧道中心水沟槽施工，无法进行隧道全断面检测，故进行隧道左线DK526+260到DK526+000和右线DK526+330到DK526+000两次测试。

173

2. 检测依据

地质雷达检测、超声波反射法检测以中华人民共和国行业标准TB 10223—2004/J 341—2004《铁路隧道衬砌质量无损检测规程》及设计要求为依据。

3. 检测原理

探地雷达方法基于电磁波在不同介质中的传播特性。电磁波的传播取决于介质的电性，介质的电性主要有电导率μ和介电常数ε，前者主要影响电磁波的穿透（探测）深度，在电导率适中的情况下，后者决定电磁波在该介质中的传播速度，因此，所谓电性介面也就是电磁波传播的速度介面。不同的地质体（物体）具有不同的电性，因此，在不同电性的地质体的分界面上，都会产生回波。基本目标体探测原理见图10-28。

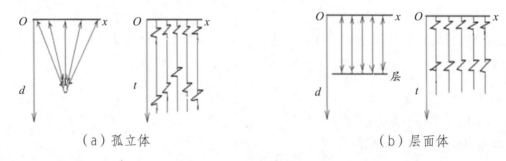

（a）孤立体　　　　　　　　　　　（b）层面体

图10-28　基本目标体探测原理

4. 现场检测

1）天线选型

针对本次隧道衬砌质量检测，从分辨率、穿透力和稳定性三个方面综合衡量，使用两台LTD-60E型道路雷达检测主机，配置7个400 MHz屏蔽天线完成检测任务。

2）参数设置

400 MHz屏蔽天线，采样点为512，采集时窗为40 ns，测距轮触发探测方式，采样间隔为1 cm。

3）现场测线布置

左线检测时，沿洞的走向设置5条测线（见图10-29、10-30）。

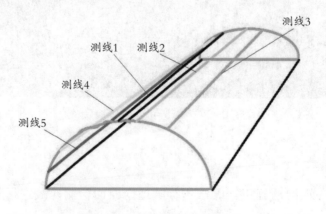

图10-29　左线测线布置图

图10-30　左线现场检测示意图

右线线检测时，沿洞的走向设置3条测线（见图10-31）。

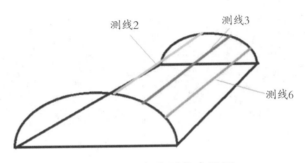

图10-31　右线测线布置图

现场采集的连续雷达扫描图像，经计算机处理后，形成雷达时间剖面图。

5. 现场数据结果

（1）左线DK526+255到DK526+000

测线位置见图10-32。

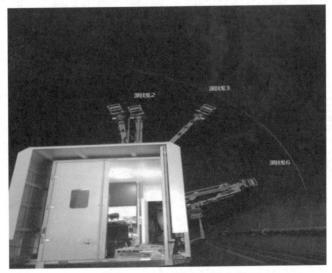

图10-32　右线现场检测示意图

测线2见图10-33至10-35。

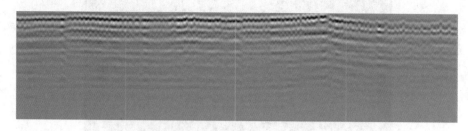

图10-33　雷达检测测线图

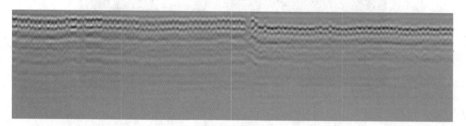

图10-34　雷达检测测线图

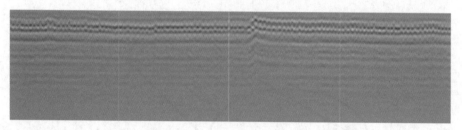

图10-35　雷达检测测线图

测线3见图10-36。

图10-36　雷达检测测线图

测线4见图10-37至10-39。

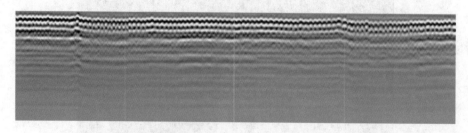

图10-37　雷达检测测线图

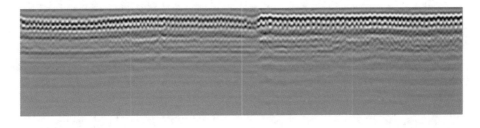

图10-38　雷达检测测线图

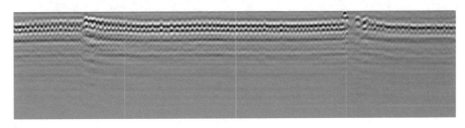

图10-39　雷达检测测线图

测线5见图10-40。

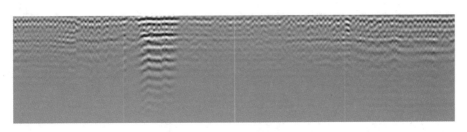

图10-40　雷达检测测线图

（2）右线DK526+330到DK526+000

测线1见图10-41至10-44。

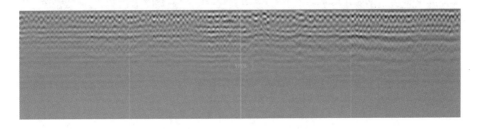

图10-41　雷达检测测线图

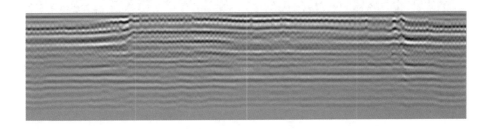

图10-42　雷达检测测线图

图10-43　雷达检测测线图

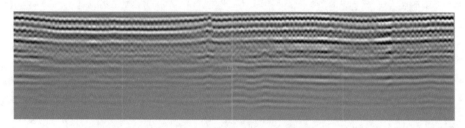

图10-44　雷达检测测线图

测线2见图10-45。

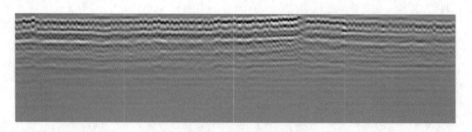

图10-45　雷达检测测线图

测线3见图10-46、10-47。

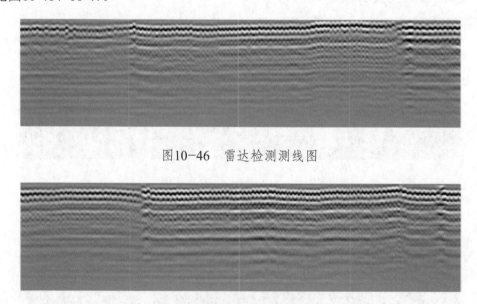

图10-46　雷达检测测线图

图10-47　雷达检测测线图

6. 检测结果

通过数据分析，车载式隧道衬砌质量检测系统可有效检测隧道二衬的信息包括：

钢筋网分布，可有效探测所测线路的钢筋网保护层厚度及钢筋间距分布情况；可检测到二衬厚度界面、初支中钢拱架；可检测到二衬空洞、脱空、不密实等病害情况；能有效看出部分测线的钢拱架分布。

相较于传统的手持式单线检测雷达法，车载式隧道衬砌质量检测系统作业效率高，隧道单侧可同时进行7条线的检测（拱顶、拱腰、边墙为5条，仰拱为2条）；劳动强度低（机械自动化设备）；安全性能高（遥控机械臂操作天线，控制室内操作雷达主机，无需人工操作天线）；信息化程度高（7条测线同时采集，相互对比验证，准确性更高）。

不过经过实践也发现了一些不足之处：

天线的耦合问题：要保证快速检测，天线与二衬表面需要间隔一段距离，距离越远越安全，但距离越远天线实测的效果越差。

悬臂的材料问题：选用金属作为材料虽然牢固，但是可能会引起干扰。

▶10.3 XJ-VMGPR 型车载探地雷达系统

1. 设备介绍

中电科（青岛）电波技术有限公司和中国铁建重工集团有限公司联合研制的XJ—VMGPR型车载探地雷达系统是一项轨道交通基础设施快速无损检测的新技术产品，可用于铁路、公路、地铁、市政等交通设施的隧道和路基工程质量验收、病害普查和定期健康状态检测，为交通设施设备养护和运营安全提供技术支持和解决方案，见图10-48。产品技术拥有我国自主知识产权，在五项关键技术领域处于国际领先水平。产品技术颠覆了传统的接触式探地雷达检测技术，实现了远距离非接触全断面快速检测，使探地雷达检测速度由间歇式5 km/h提高到连续性175 km/h，极大地提高了探地雷达检测工作的效率和安全性。设备配置参数如表10-7所列。

图10-48 XJ-VMGPR 型车载探地雷达系统示意图

2. 产品配置

表10-7　XJ-VMGPR 型车载探地雷达产品配置

序号	名称	型号	数量	备注
1	雷达系统主机	XJ-VMGPR	1台	6通道
2	雷达天线	300 MHz/l GHz	12个	空耦天线
3	里程测距系统	—	1套	多普勒雷达
4	GIS里程定位系统	—	1套	
5	工业计算机	TouchBook	2台	
6	天线电缆线	10 m/15 m	12根	
7	数据采集软件	SSR WGPR	1套	6通道
8	数据处理软件	Railwayradarsys	1套	6通道
9	雷达天线车载支架装置	—	2套	隧道/路基

10.3.1　主要指标

主要技术指标如表10-8所列。

表10-8　XJ-VMGPR天线技术指标

序号	配置	规格
1	天线	300 MHz，1 GHz
2	采样频率	500 kHz
3	时窗设置	20 ns、40 ns、60 ns、90 ns（可选）
4	采样点数	512、1024
5	扫描速率	976 scan/s
6	检测通道	6 chan
7	测点间距	16 mm、32 mm、50 mm（可选）
8	检测速度	15～175 km/h
9	检测距离	0.5～4.5 m（天线空气耦合距离）
10	检测深度	2～3 m（根据介电常数）
11	主机规格	460 mm×340 mm×190 mm，10 kg
12	天线规格	360 mm×420 mm×240 mm，8 kg
13	工作温度	−30～+70 ℃
14	工作电压	12 V直流、220 V交流（可选）

10.3.2　系统

1. 硬件系统

XJ-VMGPR 型车载探地雷达硬件系统参数如表10-9所列。

表10-9　XJ-VMGPR 型车载探地雷达硬件系统

 雷达天线 	空气耦合雷达天线： 雷达天线空气耦合距离（天线发射面距隧道衬砌表面）为0.5～4.5 m，保证检测设备和天线可以安装在车辆安全限界内，实现快速非接触检测

待续

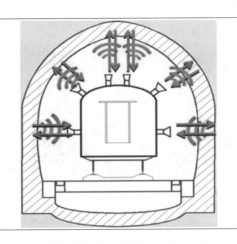	系统有6个相互独立的检测通道，可同时完成6条测线的全断面检测
	中频系统：采用西南交通大学等单位研发的车载探地雷达隧道检测系统。它包括一个六通道探地雷达系统，300MHz中频空气耦合天线
	采用中频天线现场检测，天线距离隧道衬砌表面在90cm以上

2. 软件系统

1）高速扫描技术系统

扫描速率为976 scan/s，测线间距50 mm时最高测试速度为175 km/h。

2）里程绝对定位技术

系统实现绝对定位，线路里程写入雷达数据，减少数据后处理工作，实现整条线路检测的自动化采集。

3）多通道数据处理技术

数据处理软件可同时处理6个通道数据，多通道和单通道处理显示可快速切换对比；软件具有数据通道抽道、截取、合并功能；数据读取和处理速度快；数据处理过程无过渡文件，存储量小。

3. 工作原理

工作原理示意图如图10-49所示。

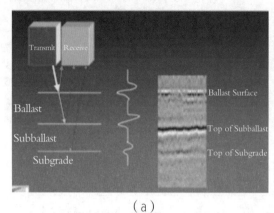
（a）

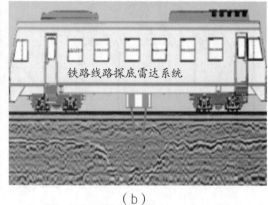
（b）

图10-49 工作原理示意图

4. 应用领域及优点

1）应用领域

XJ-VMGPR型车载探地雷达系统是一套交通基础设施快速检测的新型装备，可用于铁路/公路路基检测、铁路/公路隧道衬砌检测、季节性冻土路基和永久性冻土路基检测以及铁路/公路路基下伏地层深部灾害地质快速探测，可用于高速铁路轨道结构检测、公路及机场跑道路面结构检测、地下铁道轨下结构检测以及铁路有砟轨道道床检测，也可用于城市道路路面、路基、管线快速检测。

2）优点

①探地雷达系统不需要设置参数；

②GPS自动给出，里程、GPS坐标、路面图像三重定位技术；

③列车停靠车站、临时停车，系统无须暂停；

④探地雷达采集满2 GB数据，自动保存一个文件，同时顺序生成下一个文件，连续测试，直到结束；

⑤路面图像文件包也与GPR数据文件同步形成，便于两者文件对应；

⑥300 GB的计算机硬盘空间，可连续采集5100 km的数据。

5. 案例介绍及典型图像（见图10-50至图10-77）

（1）案例1：车载探地雷达系统在高铁隧道中检测

图10-50 现场检测图片

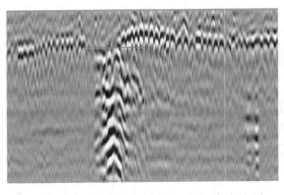

图10-51　隧道衬砌脱空、含水结冰检测

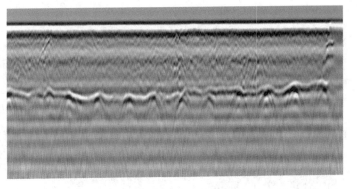

图10-52　隧道衬砌厚度检测

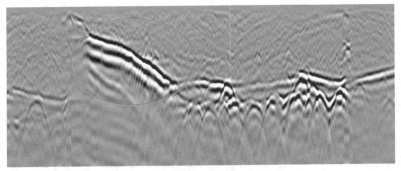

图10-53　隧道衬砌脱空检测

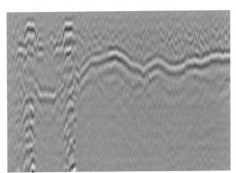

图10-54　隧道衬砌超挖、欠挖检测

（2）案例2：车载探地雷达系统在普铁隧道中检测

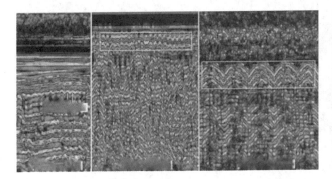

图10-55　隧道衬砌钢拱架、钢筋检测

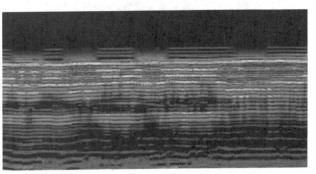

图10-56　隧道衬砌渗漏水检测

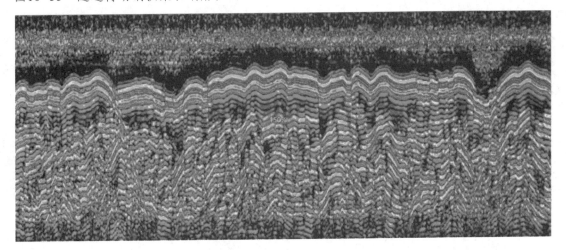

图10-57　衬砌围岩界限分明

（3）案例3：车载探地雷达系统在地铁中检测

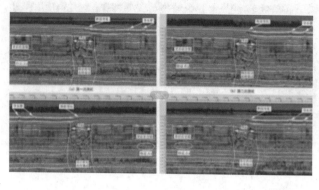

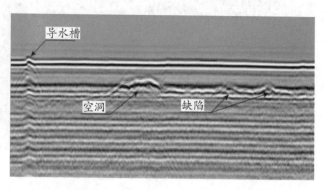

图10-58　地铁隧道重复检测对比　　　　　　　图10-59　地铁隧道空洞检查

（4）案例4：车载探地雷达系统普铁路基检测

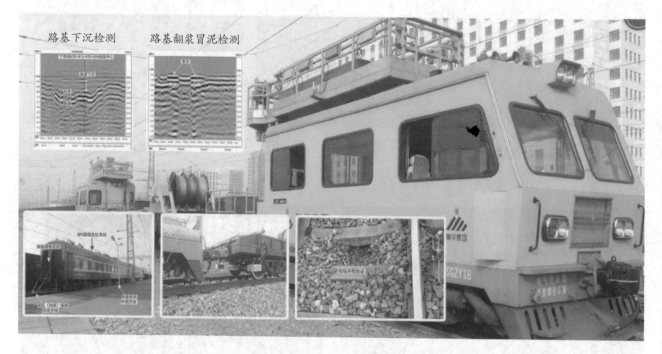

图10-60　路基现场检测照片

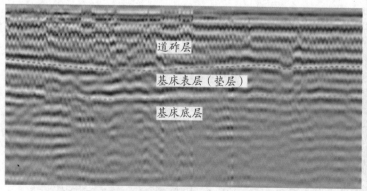

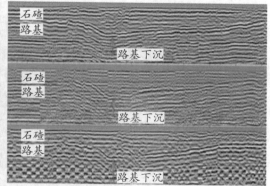

图10-61　路基石碴厚度检测　　　　　　　图10-62　路基下沉检测

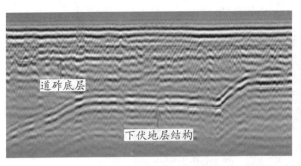

图10-63　路基地层检测

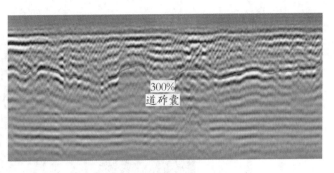

图10-64　路基道砟囊检测

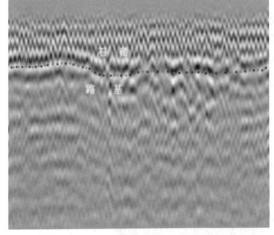

图10-65　干净石碴探地雷达图像

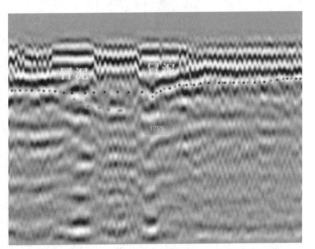

图10-66　翻浆冒泥探地雷达图像

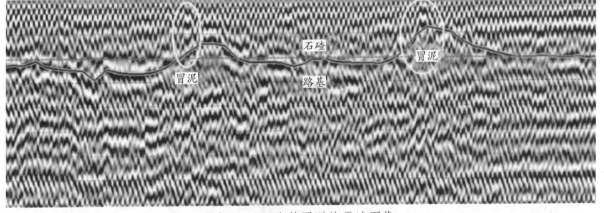

图10-67　路基冒泥的雷达图像

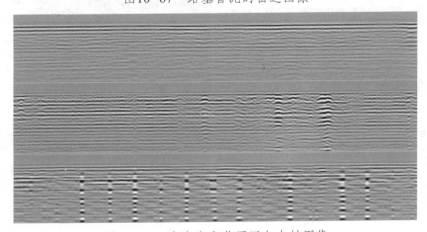

图10-68　陇海线翻浆冒泥与灰桩图像

（5）案例5：车载探地雷达路基深层探测

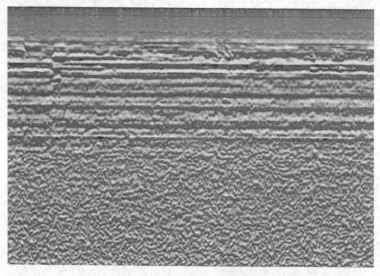

图10-69　路基检测图像

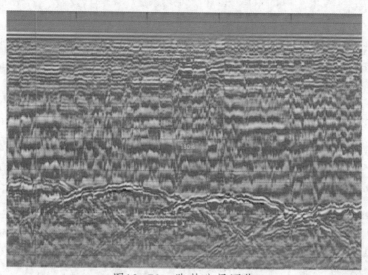

图10-70　路基分层图像

（6）案例6：宝中线严家山隧道检测

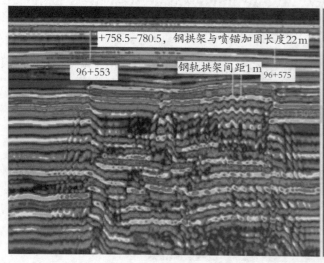

图10-71　雷达图像　　　　　　　　　　图10-72　现场照片

严家山隧道1993年建成，2003—2005年拱部压浆、喷锚加固，并每米设一排P34钢轨拱架，现场发现明显错台，隧道衬砌破损。

（7）案例7：清凉山隧道检测

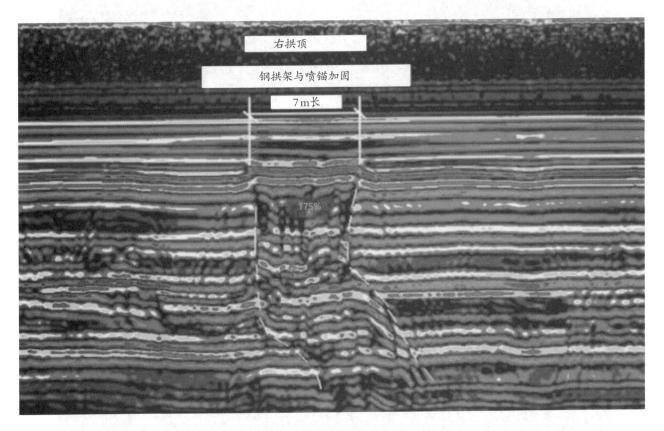

图10-73　加固雷达图像

102+137—102+144，长度7m，施工过程中采用钢拱架与喷射混凝土对衬砌进行加固。

（8）案例8：襄渝线隧道检测

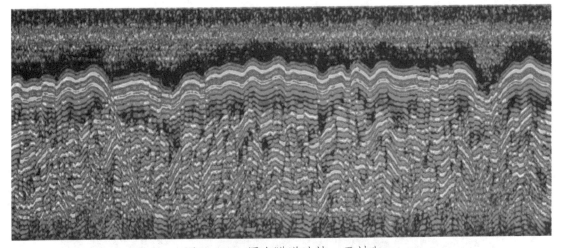

图10-74　雁山隧道边墙，无衬砌

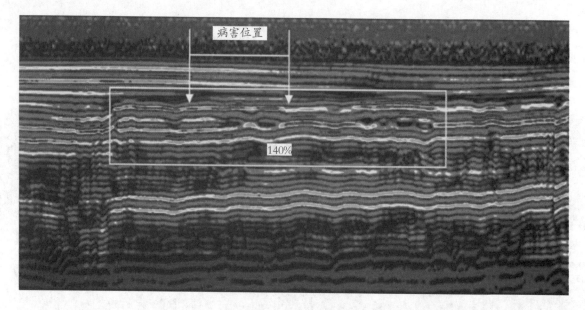

图10-75　拱顶裂损图像

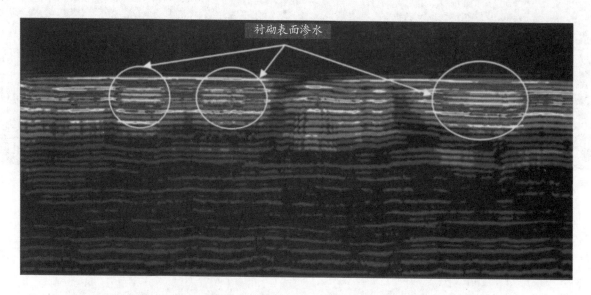

图10-76　拱腰衬砌腐蚀、衬砌剥落、漏水严重雷达图像

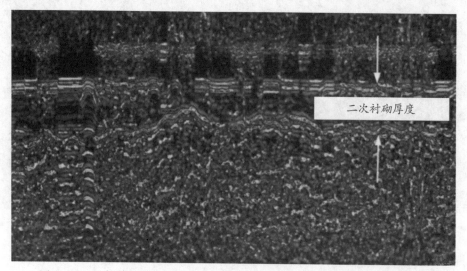

图10-77　离衬砌表面72cm远，特殊处理后二次衬砌厚度界面图像

▐▶10.4 瑞典 ImpulseRadar三维探地雷达系统

瑞典ImpulseRadar三维探地雷达是近年来国外发展起来的一项新技术，由前端数据采集系统和中心数据处理解释系统组成，前端数据采集系统包括雷达阵列天线（集成主机）、GNSS精确定位设备、路面图像采集设备、控制主机、工程牵引车等，同步采集三维雷达图像、图像坐标位置、地表特征物、标记等多种数据信息。中心数据处理解释系统由数据处理服务器、数据处理软件组成，通过对前端采集到的雷达图像进行不同方向的"切片"判断分析地下异常的位置、形态、病害类型及危害程度等，并据此给出处置建议。

10.4.1 设备介绍

三维探地雷达系统可对各种城市道路、高/快速路进行地毯式、全覆盖普查探测，是道路地下病害探测及地下管线探测的高效手段，相对于二维雷达或其他检测手段有着明显的优势。图10-78所示是ImpulseRadar三维探地雷达系统设备。

图10-78 ImpulseRadar三维探地雷达系统构成及布置示意图

1. 主要指标（详见表10-10）

表10-10　瑞典 ImpulseRadar 三维探地雷达系统技术指标

技术实现	实时采样脉冲雷达
天线类型	Crossover双通道
中心频率	600 MHz
信噪比（SNR）	>100 dB
有效数字位数	>16 bit或32 bit
扫描/s	>800
采集时速	>130 km/h@5 cm水平采样间距（道间距）
时窗	263 ns
带宽	>120%，factional，−10 dB
采集模式	测距轮触发，时间触发或手动触发
定位	测距轮，内置差分GPS，外部GPS（NMEA0183 协议）
供电	12 V可充电锂电池，或外接12 V直流电源
功耗	1.0 W
工作时间	9 h
尺寸	444 mm×355 mm×194 mm
重量	5.35 kg（包括电池）
工作温度	−20℃~+50℃
环境	IP65
认证	Pending（FCC&CE）
车轮	170 mm
分辨力	720×1280或更高
操作系统	Android™ (>Ver.5 Lolllipop)或更新版本
内存	2.7 GB SDRAM或更高
处理器	Intel Atom×5−Z8550，四核2.3 GHz Krait400或更好
推荐	Panasonic Touchpad FZ−A2 (或同等)

2. 硬件系统（详见表10-11）

表10-11　瑞典 ImpulseRadar 三维探地雷达硬件系统

Crossover推车提供了一种在各种表面上移动天线的有效方法，可快速收集2D GPR数据。把手组件完全可折叠，以减少物理占用空间，使运输和存储更加高效。推车可为外部RTK GPS天线或全站仪配备固定位置

可在阵列组件中最多安装8个通道，并在几分钟内扫描使用。重量轻，智能化设计简化了运输和存储流程，系统可由一个人管理。在以往无法使用3D GPR阵列的狭窄区域中也很易于操作。稳定而坚固的GPS设备可提供精确定位

待续

续表

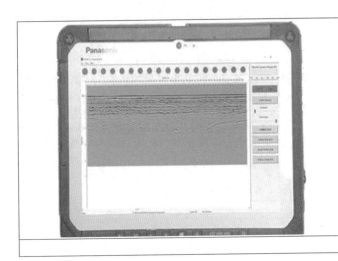	Talon采集和控制软件提供了一个简单而有效的界面来管理数据采集和外部定位数据的质量。 通过一次扫描可采集多达18个通道，以减少时间和成本

10.4.2 工作原理

图10-79为ImpulseRadar三维探地雷达系统工作原理的示意图。

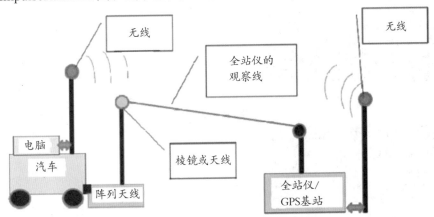

图10-79 瑞典 ImpulseRadar三维探地雷达工作原理

1. 应用领域及优点

ImpulseRadar是先进的3DGPR阵列解决方案，可实现高效的地下成像。其测速快、性能好，可用于探测基础设施如桥梁、道路和跑道，还可用于遗迹考古及特征物体如管廊、油管、未爆爆炸物等的成像。表10-12所列为一些领域的应用图像。

表10-12 瑞典 ImpulseRadar三维探地雷达应用领域

考古工程	
	作为一名考古学家，可以使用ImpulseRadar探地雷达进行现场调查、评估和虚拟重建文物定位和测绘、坟墓位置和地图、结构位置和地图

待续

191

土木工程师、顾问和承包商可使用ImpulseRadar探地雷达进行混凝土结构调查和绘图，导管、保护层深度、后张力电缆、钢筋、板厚度和空隙探测，桥梁、道路和跑道调查，沥青厚度、基层轮廓和厚度探测，钢筋评估，结构沉降和空隙探测，效用检测和绘图

环境研究

环境工程师、顾问和地球物理学家可以使用ImpulseRadar探地雷达进行危险废物处理和地面污染研究，地下水研究——含水量/盐水入侵，填埋场划定，现场调查和评估，地下储罐调查

地球物理调查

地质学家和地质工程师可以使用ImpulseRadar探地雷达进行水深测量——淡水湖/河床调查，基岩剖面探测，岩溶调查和灰岩坑测绘，地层学研究，地下水位研究

执法和军事

执法和军事专家可以使用ImpulseRadar探地雷达进行炸药/武器库位置探测，取证——秘密埋葬（证据、物品和遗物），搜救，煤仓和隧道检测，未爆炸物（UXO）调查和测绘

2. 优点

1）简单

简单、灵活、高效的地下成像系统。实时采样（RTS）技术可实现高速数据采集，从而提高生产效率，达到最佳测试结果。

2）灵活

独特的设计。可以根据需要快速、轻松地扩展天线。

3）高效

单测线获得的高质量、高密度的数据即可得到所需的地下3D信息。

4）数据质量高

结合精确的位置数据的同步，每条测量线或"幅"可以精确地与相邻的条带对齐。这优化了数据采集过程，以实现有效的地下成像。

3. 案例介绍

1）深圳某市政道路测试（见图10-80）

图10-80　现场测试照片

2）成都某市政道路测试（见图10-81）

图10-81　机器人自动导航测试现场照片

3）南通某市政道路测试（见图10-82）

图10-82　测试现场照片

参考文献

[1] JOL H M. 探地雷达理论与应用[M]. 北京：电子工业出版社，2011.

[2] 杨峰, 张全升, 王鹏越, 等. 公路路基地质雷达探测技术研究[M]. 北京: 人民交通出版社, 2009.

[3] 李大心.公路工程质量的探地雷达检测技术[J]. 地球科学, 1996(6): 97-100.

[4] 王兴照.地质雷达在铁路隧道工程检测中的应用分析[J]. 土工基础, 2008, 22(3): 83-85.

[5] 杨金山, 王百荣, 车殿国. 地质雷达技术及其应用[J]. 黑龙江水利科技, 2002(1): 91-96.

[6] 徐占峰.地质雷达技术及其在工程勘探中的应用[J]. 物探装备, 1999, 9(4): 38-41.

[7] 王传雷, 李大心, 祁明松. 地质雷达与考古勘查[J]. 江汉考古, 1995(3): 86-93.

[8] 李志强. 地质雷达检测沥青路面厚度误差分析及校核方法[J]. 公路交通科技(应用技术版), 2009, 5(2): 86-88.

[9] 薄会申.地质雷达技术实用手册[M].北京：地质出版社，2006: 37-53.